西藏民族大学资助出版

西藏民族大学青年学人培育计划资助项目［多目标优化的分布式数据隐私保护双重保护机制研究(24MDX02)］资助出版

2023 年度陕西省教育厅科学研究计划项目—般专项项目［移动群智感知中多维度隐私保护方法研究(23JK0695)］资助出版

U0656384

基于差分隐私的可追踪数据
隐私保护方法研究

胡 韵 著

东南大学出版社
SOUTHEAST UNIVERSITY PRESS
·南京·

内 容 提 要

本书针对数据全生命周期隐私保护挑战,创新地融合差分隐私与数字指纹技术,开发了可追踪噪声指纹方法及半盲检测机制。通过关联隐私参数与指纹编码,本书同步实现了数据扰动中的隐私保障与溯源追踪,能在满足隐私要求的同时保障数据可用性,并能在部分篡改时维持追踪可靠性。隐私增强型分类器与动态交易模型分别从机器学习模型安全和数据流通场景验证技术实用性。研究成果突破了传统单点防护模式,建立了覆盖数据全流程的多维度防护框架,实现了隐私性、可用性与溯源性的系统优化。本书为隐私计算研究者、数据安全从业者及政策制定者提供了跨领域解决方案,适用于医疗、金融等需兼顾隐私合规与数据价值挖掘的场景,能够推动可信数据生态构建。

图书在版编目(CIP)数据

基于差分隐私的可追踪数据隐私保护方法研究 / 胡韵著. -- 南京:东南大学出版社,2025.7. -- ISBN 978-7-5766-2046-7

Ⅰ. TP274

中国国家版本馆 CIP 数据核字第 2025KT4033 号

策划编辑:邹 坌 责任编辑:秦艺帆 责任校对:韩小亮 封面设计:王 玥 责任印制:周荣虎

基于差分隐私的可追踪数据隐私保护方法研究
Jiyu Chafen Yinsi De Kezhuizong Shuju Yinsi Baohu Fangfa Yanjiu

著 者:胡 韵
出版发行:东南大学出版社
出 版 人:白云飞
社 址:南京市四牌楼 2 号 邮编:210096
网 址:http://www.seupress.com
经 销:全国各地新华书店
印 刷:广东虎彩云印刷有限公司
开 本:787 mm×1 092 mm 1/16
印 张:11.5
字 数:259 千字
版 次:2025 年 7 月第 1 版
印 次:2025 年 7 月第 1 次印刷
书 号:ISBN 978-7-5766-2046-7
定 价:68.00 元

本社图书若有印装质量问题,请直接与营销部联系。电话(传真):025-83791830

前　　言

随着信息技术的迅猛发展,数据隐私保护已成为数字化进程中的核心命题。差分隐私(Differential Privacy,DP)技术凭借其严密的数学基础与可量化的隐私保障能力,在隐私保护领域发挥着关键作用,广泛应用于数据发布与安全分析场景。然而,当前网络环境的复杂性与数据处理环节的多样性,使得隐私泄露风险贯穿于数据采集、传输、存储及分析的全生命周期。单一依赖差分隐私技术难以应对多维度、跨阶段的复合型隐私保护需求。本书以构建全流程隐私防护体系为目标,系统探索差分隐私与数字指纹技术的深度融合机制,致力于开发兼具隐私性、精确性、鲁棒性与可追踪性的新型数据保护范式。

本书围绕差分隐私与数字指纹的协同创新展开深入研究,形成四项核心研究成果。首先提出基于差分隐私的隐私增强型可追踪噪声指纹方案(Privacy-enhanced Traceable Noise Fingerprint Scheme Based on Differential Privacy,PTNF-DP),通过将差分隐私关键参数与经数字指纹编码生成的标识性信息动态关联,实现了噪声扰动与指纹嵌入的同步操作。该方法包含噪声指纹嵌入、检测和数据还原三大核心算法,完整覆盖数据处理全流程。经真实数据集验证表明,PTNF-DP 生成的加噪聚合数据集至少满足 $(\max\{\varepsilon_1, \cdots, \varepsilon_{pl}\}, \max\{\delta_1, \cdots, \delta_{pl}\})$-差分隐私保障,其中 pl 为编码后的指纹集规模,其生成的隐私保护程度最高的数据集在线性查询和统计结果中的误差率不超过 5%。在鲁棒性测试中,当载体数据集被随机修改的数据量占比低于 50% 时,二进制数字指纹的误差率可控制在 10% 以内。

为优化系统效能,本书进一步提出具备隐私保护能力的半盲指纹方案(Privacy Protection-capable Fingerprinting Scheme with Semi-blind Detection,PPFP)。该方法创新性地将数字指纹编码信息与差分隐私噪声的添加位置相关联,通过构建基于数据集哈希值的半盲检测机制,使指纹识别过程无需完整原始数据参与。实验表明,PPFP 生成的聚合噪声数据集至少满足 $(\varepsilon_{\max}, \delta_{\max})$-差分隐私保障,当载体数据被随机修改的比例低于 40% 时,数字指纹的正确识别率仍可维持在 60% 以上。相较于 PTNF-DP 方案,PPFP的检测效率提升约 20%,在医疗健康数据等实际场景中展现出更强的适用性。

为验证技术方案的普适性,本书设计了可追踪的隐私增强型机器学习分类器深度应用方案。该方案将数字指纹深度融入差分隐私保护机制,在确保模型安全性的同时实现对非法传播节点的追踪功能。当分类器在 $\varepsilon \geqslant 0.001$ 条件下进行 100 次迭代训练时,其分类准确率可达 80% 以上,单次训练时间小于 25 s。实验结果表明,模型精度与训练迭代次数呈正相关,与隐私参数 ε 呈负相关,通过增加迭代次数可有效补偿噪声引入的精度损失。该方案在保证隐私性的同时,使训练结果的可用性达到实际应用标准。

针对隐私保护与数据效用平衡这一基础性问题,本书提出了差分隐私数据交易方案(Differentially Private Data Transaction,DPDT)。该方案通过构建数据精度 α、隐私预算 ε 和支付成本的三元关联模型,使数据消费者能够自主调控隐私保护强度。真实数据集仿真表明,DPDT 生成的精确度为 α 的聚合数据集至少以 $1-\beta$ 概率保证 ε-差分隐私。当 $\alpha = 0.95$ 时,方案在 $\varepsilon = 0.1$ 条件下仍能维持 90% 以上的数据可用性,为构建数据要素市场的动态调节机制提供了重要支撑。

本书的创新成果体现了数据隐私保护技术从单点突破向体系化创新的范式演进。通过理论推导与多维度实验验证,系统论证了所提方法在隐私保障强度、数据可用性、抗攻击能力及行为溯源性等关键指标上的综合优势。研究过程中建立的动态参数关联模型、全生命周期覆盖机制及多技术融合路径,不仅为学术界的后续研究提供了可扩展的理论框架,也为政府机构制定数据流通标准、企业构建隐私计算平台奠定了技术基础。这些探索性工作深度展现了跨学科方法在应对复杂隐私挑战中的独特价值,为构建智能化时代的可信数据生态系统提供了方法论创新与实践范例。

由于作者精力与水平有限,书中难免存在诸多问题与不足,殷切希望广大读者批评指正。

胡 韵

2025 年 4 月

术语与符号约定

Ad	Adversary,	攻击者代表
ACC	Anti Collusion Code,	抗共谋码
BIBD	Balanced Incomplete Block Design,	均衡不完全区组设计
C-DP	Classifier-Differential Privacy,	基于差分隐私的分类器
C-G	Classifier-General,	通用分类器
CFF	Cover Free Family,	自由覆盖族
CNs	Compute Nodes,	计算节点
DF	Digital Fingerprinting,	数字指纹
DP	Differential Privacy,	差分隐私
DPDT	Differential Privacy Data Trading,	差分隐私数据交易
DPs	Data Providers,	数据提供者
DSUs	Data Service Units,	数据服务单元
DW	Digital Watermarking,	数字水印
ECC	Error Correcting Code,	纠错码
ERM	Empirical Risk Minimization,	经验风险最小化
GBDE	Global Big Data Exchange,	全球大数据交易所
GS	Global Sensitivity,	全局敏感度
IC	Iteration Construction,	迭代结构
IPP	Identifiable Parent Property,	可确定性父元
LDP	Local Differential Privacy,	本地化差分隐私
LS	Local Sensitivity,	局部敏感度
MAE	Mean Absolute Error,	平均绝对误差
MSE	Mean Squared Error,	平均平方误差
MW	Multiplicative Weight,	乘法权重
NAFPD	Noised Aggregated Fingerprint Data,	加噪聚合指纹数据集
PAC	Probably Approximately Correct,	可近似正确

PPFP	Privacy Protection-capable Fingerprinting Scheme with Semi-blind Detection,具备隐私保护能力的半盲指纹方案
PTNF-DP	Privacy-enhanced Traceable Noise Fingerprint Scheme Based on Differential Privacy,基于差分隐私的隐私增强型可追踪噪声指纹方案
QR	Quadratic Residual,二次剩余
SFP	Security Frame Proof,安全防陷害
TND	Traceable Noised Dataset,可追踪的加噪数据集
(e, n)	非对称加密算法公钥
α	精确度
$\boldsymbol{H}$	原始数据集 D 的哈希结果矩阵
$\boldsymbol{H}^*$	$\boldsymbol{H}$ 加密后的结果矩阵
$\boldsymbol{Q}$	由 κ_2 生成的二次剩余矩阵
$\vec{\kappa}$	κ_1 和 κ_2 的密钥向量形式
σ	高斯分布的方差
bn	原始数据集 D 划分的数据块数目
fitGauss($\cdot$)	高斯拟合函数
k	基数且 $k=\sqrt{bn}$
L	迭代次数
κ_1	置换加密算法的置换密钥
κ_2	二次剩余算法的密钥
$\boldsymbol{D}^{(S^*\odot(\varepsilon,\delta)-\text{DP})}$	TND 的矩阵形式
$e_\kappa(Z_{26})$	置换加密算法
$\boldsymbol{P}^N$	噪声指纹矩阵
(d, n)	非对称加密算法私钥
$\boldsymbol{R}$	由 κ_1 生成的置换矩阵
$\boldsymbol{A}$	大写粗体字母表示矩阵
D^*	非法传播数据集
$\boldsymbol{D}^*$	非法传播数据集的矩阵形式
$N(\mu, \delta^2)$	均值为 μ,方差为 δ^2 的高斯分布
$E\{\cdot\}$	数学期望
N_c	共谋用户数量
$\boldsymbol{D}^{(S^*\odot\vec{\kappa})}$	NAFPD 的矩阵形式
δ	差分隐私参数
D	差分隐私原始数据集

D	差分隐私原始数据集的矩阵形式
S	计算节点标识性信息二进制矩阵形式
S^{MD5}	计算节点标识性信息 MD5 机密后二进制矩阵形式
ε	隐私预算
$\mathrm{Lap}(\Delta f/\varepsilon)$	差分隐私拉普拉斯机制
M	差分隐私机制
r	差分隐私原始数据集、原始数据集矩阵形式的大小
s	计算节点标识性信息字符串形式
Δf_{GS}	全局敏感度
Δf_{LS}	局部敏感度

目　　录

第1章

绪　论

1.1　研究背景

近年来,随着信息技术,特别是在高性能计算、数据挖掘和信息共享等方面的飞速发展,对海量数据的收集、发布、处理和分析操作也变得愈加频繁和便捷。个人、组织、企业等从各类庞大且错综复杂的数据中提取出潜在的、有价值的信息,用以实现或提供更好的个性化、统计、分析或预决策服务。例如,微博收集海量单用户社交媒体数据以便定制更智能的个性化服务[1]。当前,为最大化实现数据的可用性和经济价值,甚至出现了很多专门提供数据共享服务的数据交易平台。

然而,随着数据资源商业价值的凸显,各类数据交易应用或服务层出不穷,包含隐私数据在内的各类数据在数据交易平台和市场中也就变得愈加透明和廉价。这种过度追求数据有效利用价值的数据交互环境也导致了严重的数据安全性问题[2]。现如今,针对数据的攻击、窃取、滥用、劫持事件频繁发生,并逐渐呈现出产业化、高科技化和跨国化等特性,数据安全重大事件频繁发生,对个人、组织、国家的数据安全提出了严峻的挑战。在某些二手交易平台上,仍存在着提供个人信息查询的交易服务,个人的户籍、房产、出行记录等隐私信息甚至不到百元就能买到[3]。表1.1列举了近年发生的重大隐私泄露事件。

表1.1　近几年发生的重大隐私泄露事件

发生时间	泄露事件	攻击方式	泄露数据
2023 年 05 月	Facebook(脸书)非法收集	API 接口	大量用户个人信息
2022 年 03 月	英伟达敏感数据失窃	勒索软件	专有信息与员工登录数据
2022 年 01 月	赛格威网站攻击	恶意脚本	顾客信用卡与个人信息
2021 年 03 月	领英 5 亿用户信息泄露	黑客攻击	用户的个人资料
2020 年 10 月	希腊电信巨头信息泄露	黑客攻击	用户信息
2020 年 03 月	微博用户数据在暗网出售	暴力匹配	账号信息
2019 年 02 月	美国金融集团泄露数据	黑客攻击	个人的交易记录
2018 年 03 月	Facebook 信息泄露	系统漏洞	用户敏感信息

注:API(Application Programming Interface)指应用程序接口。

2014 年,我国就意识到了网络和信息安全的重要性。习近平总书记在中央网络安全和信息化领导小组第一次会议中强调,"网络安全和信息化是事关国家安全和国家发展、事关广大人民群众工作生活的重大战略问题","网络安全和信息化是一体之两翼、驱动之双轮,必须统一谋划、统一部署、统一推进、统一实施"[4]。

2021 年 6 月 10 日,中华人民共和国第十三届全国人大常委会第二十九次会议表决通过《中华人民共和国数据安全法》[5]。它是我国关于数据安全的首部法律,标志着我国数据安全步入法治化轨道。从将个人、企业和公共机构的数据安全纳入保障体系,到规范行业组织和科研机构等主体的数据安全保护义务,该法确立了对数据领域的全方位监管、治理和保护。

事实上,合法的数据使用者更关注由聚合数据生成的可帮助实现业务决策、判断趋势的统计或预测信息,他们对数据集中的普通单条记录是不感兴趣的。从另一方面来讲,维持长期有效的数据挖掘和信息共享的绿色发展的关键是在尊重和保护数据提供者的隐私基础上释放个人数据的价值。

对数据实施隐私保护这一想法最早是由 Dalenius[6] 提出的。他认为在访问数据库的过程中,应无法获取关于任意个体的确切信息。在此基础上,研究人员以对特定数据集合提取高精度查询或分析结果的同时保证数据和数据提供者的隐私信息为研究目标,不断提出更为清晰、更具衡量性的隐私保护模型或方法。作为研究热点,对数据集的隐私保护方案的研究一直受到学术界和应用界的关注,并先后出现了基于数据扰动[7]、基于数据加密[8]和基于数据匿名[9]的隐私保护技术。表 1.2 列出了这三类隐私保护技术的基本信息。

表 1.2　隐私保护技术对比

方法	代表性技术	实现原理	特点
基于数据扰动[7]	差分隐私技术[10]	随机化扰动	可抵御背景知识攻击,提供最差隐私保证
基于数据加密[8]	可搜索加密[11]	加密算法	计算开销过大,无法满足实际应用需求
基于数据匿名[9]	k-匿名模型[12]	泛化	难以抵御链接、背景知识和相似性攻击等

结合表 1.2,基于数据加密的方案大多对计算资源和时间开销有较高要求。以 k-匿名模型[12]为代表的匿名技术虽然能够同时保证数据的真实性和安全性,但不能防御链接攻击和背景知识攻击。例如,Sweeny[12] 就通过相同属性链接方式,将公共医疗数据样本和其他机构发布的选民投票数据集进行链接和比对,重新识别出匿名化的公共医疗数据样本中 87% 的个人健康记录信息,这就是著名的链接攻击案例。此外,背景信息很难预测或建模,要确切知道攻击者可能拥有什么样的背景信息是不切实际的。通常,研究人员在设计隐私保护模型时会假设攻击者的背景信息有限,这使得这些模型与背景信息紧密耦合。而在背景知识攻击中,攻击者已经对数据集中包含的信息有所了解,在极端情况下,攻击者可能知道集合中除一条记录之外的其他所有记录的内容。

为此,Dwork[10]在 2006 年针对数据库的隐私泄露问题提出了差分隐私(Differential Privacy,DP)技术,也称为中心化差分隐私技术。该技术对隐私保护程度进行了严格的定义并提供可量化的评估方法,能够抵抗链接攻击和背景知识攻击。经 DP 处理的计算结果对某条记录的变化不敏感,因此可得到较高精确度的计算结果,且攻击者无法通过观察计算结果获取准确的个体信息。

DP 是建立在严格的数学公式之上的定义,它不需要特殊的攻击假设,也不关心攻击者所拥有的背景知识,实现了对隐私保护的严格定义,并提供了可量化的评估方法[13]。DP 的出现极大地平衡了数据集的强隐私保护程度和高精确度这两个相互矛盾的需求。目前,对于 DP 研究的重点主要是在满足隐私性的前提下如何提高统计数据的可用性和算法执行效率[14]。特别是在 DP 数据发布[15-16]和分析[17]方面,研究人员做了一系列有意义且具备使用价值的工作。在实际应用方面,DP 已被各大互联网公司应用于实际的产品或服务中,如 Apple 公司[18-19]和 Samsung(三星)公司[20]智能手机的输入法及搜索功能,Google(谷歌)公司 Chrome 浏览器的搜索功能[21]等。

尽管 DP 在数据合成发布和分析方面有着出色的表现,但其归根结底还是一种针对聚合数据集的隐私—效用权衡机制,故在众多实际应用场景中还存在着一定的局限性。例如,在处理诸如实时数据流和增量数据集等动态数据集的隐私发布问题时仅靠 DP 是难以解决的,通常需要依据实际的情况改进 DP 技术或结合其他技术以实现更适配的隐私保护效果。为解决时间序列数据中时间相关性的隐私问题,Götz 等[22]将 DP 机制和马尔科夫链结合进行建模以实现对动态数据发布的隐私保护。在处理分布式或部署在异构平台的数据时,研究人员将 DP 与边缘计算结合在数据参与端执行隐私算法以保护边缘服务器中的隐私信息[23]。

从另一方面来看,DP 确实是一个优秀的数据集隐私发布和分析的工具,其可被应用于各类数据处理场景中来实现对其中隐私数据的保护。例如,在利用机器学习对数据集进行分类、预测数量或寻找相似聚类样本时,会严重暴露训练数据集中的隐私信息,这时可考虑在训练过程中引入 DP 相关机制实现对训练数据集的隐私保护。Mivule 等[24]和 Gong 等[25]就探索了 DP 和机器学习之间的相互作用,试图发布近似精确的分析模型代替查询结果或者聚合数据集。再比如,DP 技术及其相关机制还可应用于数据交易过程中,以保证交易数据的强隐私性和高精确度。Arpita 等[26]就将 DP 与数据市场相结合,首次提出了隐私数据拍卖的概念,并主要关注数据采集阶段数据分析师和数据提供者之间的博弈关系。

从现有研究来看,各类 DP 方案通常用于解决某一特定应用场景下某一类型数据在某个生命周期的隐私保护问题,鲜少有研究能在一个方法中融合多种技术为数据多生命阶段提供两项或多项安全保护措施。

结合 DP 技术可计算和可衡量的特性,将其与其他安全技术的关键参数相关联,对目标数据实现多重保护是可行的。其中,对数据的隐私保护和追踪识别一直以来就是作为两个相互独立的研究进行的。其中,数字水印(Digital Watermarking, DW)和数字指纹(Digital Fingerprinting, DF)技术都是向载体数据中嵌入定量且不易被识别的标识性编码信息实现对数字媒体版权保护。DF 因向载体数据中嵌入的是与使用者相关的标识性信息,可作为实现数据追踪的代表性技术。然而,忽略对载体对象的隐私保护是这些传统追踪技术的缺陷。

当前,很少有研究能在数据的共享、传播或交互过程中将数据隐私保护和追踪技术融合,探索并实现可追踪的数据隐私保护方法。Gambs 等[27]和 Kieseberg 等[28]曾提出将数字指纹嵌入经 k-匿名保护后的数据库中。但是这些工作均是分为两个阶段先后实现对数据的隐私保护和追踪功能的,即指纹的识别工作是在对数据集进行匿名处理后进行的。这样做的结果会导致数据库大量条目被修改,进而影响数据集的可用性。此外,正如之前讨论的,k-匿名不能提供强有力的可证明的隐私保障。

依前述可知,现有基于 DP 的数据隐私保护方案主要是解决某一特定场景下某一类型数据在发布或分析阶段中单节点的隐私问题。实际上,数据从采集、传输、存储到分析的整个生命周期中,隐私信息的暴露是不可避免的。现实的网络运行环境是复杂多变的,仅依靠上述包含 DP 技术在内的某种单一的技术,是不可能实现对隐私数据的全方位保护以及对数据非法获取和分析等攻击的完全抵抗的。

因此,最直接的解决方案就是融合多种安全技术实现对隐私数据的多重保护。例如,在有效的数据隐私保护方案中增加针对发布数据的追踪或监视功能,实现追查数据泄露源头的目标。在数据隐私保护方案中增加追踪功能虽然无法直接阻止隐私数据的泄露,但是对恶意泄露数据的人员起到了威慑作用,且利于后续数据审计工作,这也是从另一个角度保护了隐私数据。结合数字指纹技术,围绕实现可追踪的数据隐私保护这一目标,可提出一种可同时实现数据隐私保护和追踪功能的解决方案。

以上述分析和研究成果为基础,本书以大数据及云环境为背景,从数据采集、传输、存储和分析整个生命周期对数据的隐私保护需求出发,以 DP 及其衍生技术为核心,突破技术融合关键难题,提出可追踪的数据隐私保护的研究思路,探索差分隐私与数字指纹这一安全技术结合的可追踪的数据隐私保护核心算法;该算法具有能平衡计算结果的隐私性、安全性、精确性等关键性能,实现对隐私数据的多阶段、多方位保护;将核心算法应用于工作流数据处理模式中,借助差分隐私核心参数 ε 和 δ 可计算的特性,考虑普适性的隐私保护需求,探索可调参、可追踪数据隐私保护方案;通过数学建模讨论机制中核心性能和关键变量等参数的博弈关系以及达到最佳收敛效果时的权衡关系,尝试给出普适性解决方案,探索大规模数据隐私保护优化和博弈理论,达到多目标优化的目的。

因此,本书的研究重点是实现数据隐私保护和追踪识别功能的融合,分析差分隐私与数字指纹技术的相关机制和特性,探索两种技术结合的方式,提出并实现可追踪的数据隐私保护方法。这些方法力求实现更强健、更全面的隐私保护模型,即在数字指纹嵌入的过程中实现对载体数据的可证明的隐私保护,一次性实现对数据的隐私保护和追踪功能。同时这些方法应能兼顾计算结果的隐私性、精确性、可追踪性,数字指纹的鲁棒性以及算法执行的高效性。

综上所述,开展可追踪的数据隐私保护方法相关研究有着深刻的理论意义和重大的实用价值,也为数据隐私保护研究提供了一种新的问题解决思路,并且在合理利用和有效结合差分隐私和数字指纹技术的前提下进行具体方案的设计和实施也是切实可行的。

1.2　差分隐私技术理论基础与研究现状

与传统隐私保护技术不同,DP 技术是以数学理论为基础,提供可量化的隐私保护评估方法。它的出现弥补了传统数据隐私保护技术不能严格定义攻击模型的缺陷,且能够抵抗攻击者拥有最大背景知识条件下的攻击。DP 的上述优势,使其一出现便迅速成为隐私保护领域研究的核心,也引起理论计算科学、数据库与数据挖掘、机器学习等多个其他领域的关注。

1.2.1　差分隐私技术定义

针对层出不穷的攻击方式和传统隐私保护技术的缺陷,Dwork 等[10]在 2006 年针对统计数据库隐私泄露问题提出了 DP 的定义。DP 通过添加定量噪声实现敏感数据失真的同时保证处理后的数据的属性不变性和统计可用性。

DP 概念的提出解决了攻击者背景知识很难预测或建模这一问题。事实上,要确切知道对手可能拥有什么样的背景知识是不切实际的。最极端的情况是攻击者可能知道集合中除一条记录之外的其他所有记录的内容。

如图 1.1(a)所示,数据集 D 中包含 n 条记录,假设攻击者拥有除第 n 条记录之外的前 $n-1$ 条记录的背景知识。若此时攻击者对数据集 D 进行任意查询操作 $f(\cdot)$,如计数、求和、平均值、中位数等操作,得到 D 中 n 条记录的聚合查询结果 $f(D)$。 将查询结果与背景信息进行差异比较,若采用传统的隐私保护技术,则攻击者很容易识别出第 n 条记录的信息;若采用 DP 技术,则查询结果是针对 D 中 n 条记录的加噪聚合结果,如图 1.1(b)所示,攻击者无法通过 $f(D)$ 的结果和差异比较的方法推断出第 n 条记录中的具体信息。

换句话说,针对某条具体记录的变化,若在数据集中添加或删除一条数据记录,DP 对该数据集的计算结果是不敏感的,即某单个记录是否在数据集中,对计算结果的影响微乎其微。因此,即使攻击者拥有最大背景知识,如已经知道除一条记录之外的所有敏感数据,仍可以保证这一条记录的敏感信息不会被泄露。

数据集 D

X_1

X_2

$\vdots$

X_{n-1}

X_n

数据中心

统计查询服务

针对前 n 条记录的统计查询问题，
即针对 $(X_1, X_2, \cdots, X_n)$
进行查询

攻击者

X_1

X_2

$\vdots$

X_{n-1}

背景知识
（前 $n-1$ 条记录）

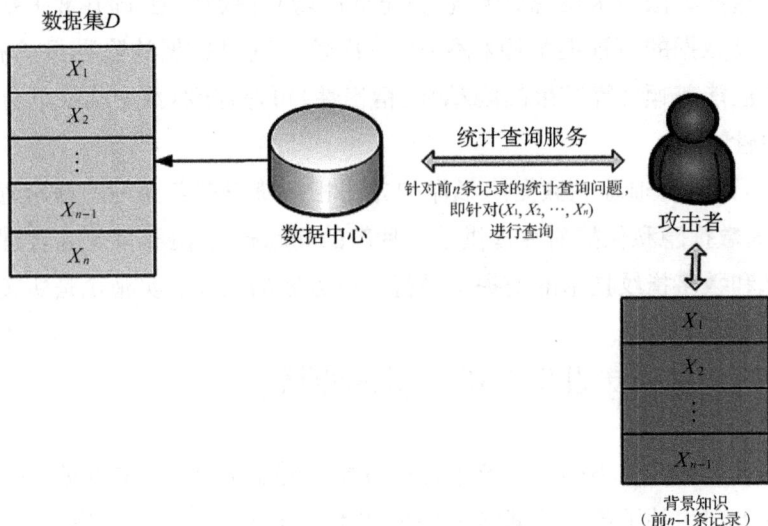

（a）背景知识攻击模型

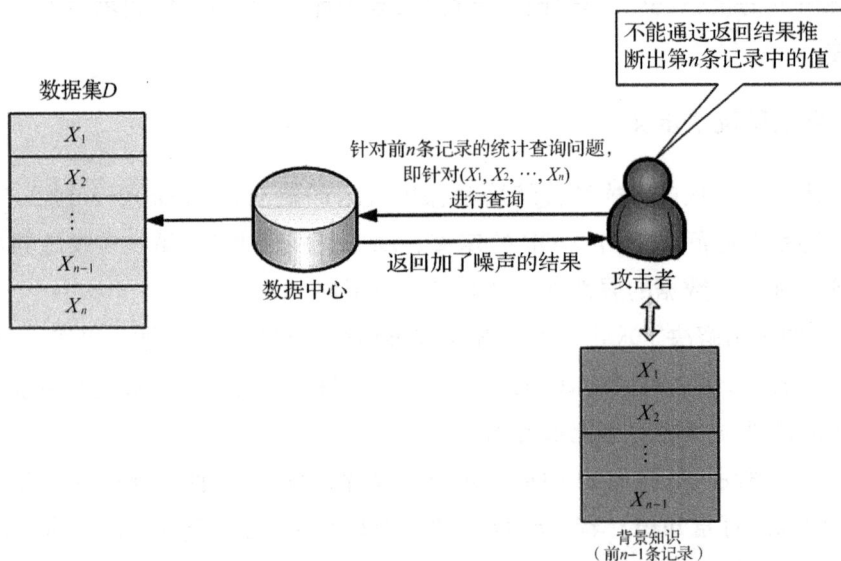

不能通过返回结果推
断出第 n 条记录中的值

数据集 D

X_1

X_2

$\vdots$

X_{n-1}

X_n

数据中心

针对前 n 条记录的统计查询问题，
即针对 $(X_1, X_2, \cdots, X_n)$
进行查询

返回加了噪声的结果

攻击者

X_1

X_2

$\vdots$

X_{n-1}

背景知识
（前 $n-1$ 条记录）

（b）DP 抵抗背景知识攻击

图 1.1　背景知识攻击及抵抗

在说明 DP 的定义之前，首先说明兄弟数据集[29]的含义。

定义 1　兄弟数据集[29]　假设数据集 D 和 D' 具有相同的属性结构，$|D \triangle D'|$ 表示数据集 D 和 D' 相差的个数。若 $|D \triangle D'|=1$，则称 D 和 D' 为兄弟数据集。

DP 使用取值不同的特定参数处理数据集，并以此量化统计结果的隐私保护程度，使得最终的统计结果的隐私保护水平具有可比性，以此实现对隐私保护的严格定义并提供可量化的评估方法[30]。

定义 2 (ε, δ)**-差分隐私** 若有随机算法 M,其中 P_M 为 M 的所有可能的输出的集合。对任意一对兄弟数据集 D 和 D' 以及 P_M 的任意子集 S_M,若算法 M 满足:

$$\Pr[M(D) \in S_M] \leqslant \exp(\varepsilon) \cdot \Pr[M(D') \in S_M] + \delta \tag{1.1}$$

则称算法 M 满足 (ε, δ)-差分隐私。

由定义 2 可知,随机算法 M 在兄弟数据集上的输出结果不是完全相同的,但输出结果的概率比值以 e^ε 为界限。

参数 ε 可称为隐私预算,它是用来衡量隐私保护强度的。越小的 ε 会带来更强的隐私性,但同时也会导致准确度较低的计算结果。当 $\delta = 0$ 时,称随机算法 M 是满足严格的 ε-差分隐私,通常也被称为纯差分隐私。当 $\delta > 0$ 时,代表 (ε, δ)-差分隐私是允许以较低的概率 δ 违反纯 ε-差分隐私,(ε, δ)-差分隐私通常被称为近似差分隐私[31]。

参数 ε 是决定随机算法 M 隐私保护强度的关键参数。它被用来控制兄弟数据集中针对随机算法 M 获得相同输出的概率比例。实际 DP 执行过程中,每回答一个查询函数都需要消耗一定量的隐私预算。通常 ε 的值为一个大于 0 的公开实数。当 $\varepsilon = 0$ 时,代表着对于任意兄弟数据集,随机算法输出两个概率分布完全相同的结果,不能再反映出任何关于数据集的有用信息。因此,在实际执行过程中,ε 的取值需结合实际情况以达到对输出结果的隐私性和可用性的平衡。

DP 通过向查询函数的返回值中引入适量噪声来实现,而敏感度决定了其中添加的噪声的量。当加入噪声过多时,会影响结果的可用性,过少则无法提供足够的安全保障。当发布针对数据集 D 的查询函数 $f(\cdot)$ 的计算结果时,需基于该函数的敏感度确定噪声添加量。

现有研究常涉及两种类型的敏感度,分别为全局敏感度(Global Sensitivity,GS)[10]和局部敏感度(Local Sensitivity,LS)[32],区别在于对同一查询取值大小和波动各不相同。其中,GS 只与查询函数 $f(\cdot)$ 本身类型有关,其值由兄弟数据集查询结果的最大差距决定。

定义 3 全局敏感度(Global Sensitivity) 给定一个函数 $f: D \to \mathbb{R}$,对于任意的兄弟数据集 D 和 D',函数 f 的全局敏感度为:

$$\Delta f_{GS} = \max_{D, D'} \| f(D) - f(D') \|_1 \tag{1.2}$$

式中,$\| f(D) - f(D') \|_1$ 为 $f(D)$ 和 $f(D')$ 之间的 1-阶范数距离;$\max\limits_{D, D'}$ 定义在所有的兄弟数据集 D 和 D' 上,即 GS 的计算对象是所有兄弟数据集中具备最大的曼哈顿距离的一对 D 和 D'。

由于 GS 衡量的是在最坏情况下参与者对正确结果的影响,通常会引入不必要的过大的噪声。针对这个问题,Nissim 等[32]定义了 LS 的概念。

定义 4 局部敏感度(Local Sensitivity) 给定一个函数 $f: D \to \mathbb{R}$,对于给定的数据

集 D 和它的任意兄弟数据集 D'，函数 f 的局部敏感度为：

$$\Delta f_{LS} = \max_{D'} \| f(D) - f(D') \|_1 \tag{1.3}$$

式中，$\max\limits_{D'}$ 定义在 D 的所有相邻数据库 D' 上，即 LS 的计算对象是与 D 具备最大的曼哈顿距离的兄弟数据集 D'。

下面以对数据序列求中值函数为例说明两种敏感度的区别与联系。设 $f(D) = \mathrm{madian}(x_1, x_2, \cdots, x_i, \cdots, x_n)$ 为已按升序排序的序列数据集 D 的中位数函数，其中 $0 \leqslant x_i \leqslant k$。

因为 GS 的定义为"任意的兄弟数据集"，则针对 GS 的输入可能的情况是有无数种配对的数据集对，但是最终会取所有结果中的最大值，那么直接考虑上述极端情况，在最极端的情况下，序列数据集 D 及其兄弟数据集 D' 为：

$$D = \Big\{ \underbrace{0, 0, \cdots, 0}_{\frac{n-1}{2}}, 0, \underbrace{k, k, \cdots, k}_{\frac{n-1}{2}} \Big\}, \quad D' = \Big\{ \underbrace{0, 0, \cdots, 0}_{\frac{n-1}{2}}, k, \underbrace{k, k, \cdots, k}_{\frac{n-1}{2}} \Big\}$$

式中，n 为奇数；即可求得全局敏感度为：$\Delta f_{GS} = |k - 0| = k$。

而对于 LS 的定义指定了"输入数据集 D"，该数据集与其所有可能的兄弟数据集 D' 作为输入，最终会取结果的最大值。

（1）若序列数据集 D 为：

$$D = \Big\{ \underbrace{0, 0, \cdots, 0}_{\frac{n-1}{2}}, 0, \underbrace{k, k, \cdots, k}_{\frac{n-1}{2}} \Big\}$$

则其兄弟数据集 D' 为：

$$D' = \Big\{ \underbrace{0, 0, \cdots, 0}_{\frac{n-1}{2}}, i, \underbrace{k, k, \cdots, k}_{\frac{n-1}{2}} \Big\}, \text{其中} i \in [0, k]$$

根据公式（1.3）可以计算出，该情况下的 $\Delta f_{LS} = |k - 0| = k$。

（2）若序列数据集 D 为：

$$D = \Big\{ \underbrace{0, 0, \cdots, 0}_{\frac{n-1}{2}}, 0, 0, \underbrace{k, k, \cdots, k}_{\frac{n-1}{2}} \Big\}$$

则其兄弟数据集 D' 为：

$$D' = \Big\{ \underbrace{0, 0, \cdots, 0}_{\frac{n-1}{2}}, 0, i, \underbrace{k, k, \cdots, k}_{\frac{n-1}{2}} \Big\}, \text{其中} i \in [0, k]$$

根据公式（1.3）可以计算出，该情况下的 $\Delta f_{LS} = |0 - 0| = 0$。

由上述定义和实例可知,GS 是由函数 f 本身决定的,不同的函数会有不同的 GS,而 LS 是由函数 f 及给定数据集 D 中的具体数据共同决定的。由于 LS 利用了数据集的数据分布特征,其通常计算出的值比 GS 小很多,它们之间的关系可以表示为:

$$\Delta f_{GS} = \max_{D}(\Delta f_{LS}) \tag{1.4}$$

1.2.2　差分隐私技术机制与相关定理

定义 2 中的随机算法 M 称为机制。研究认为,只要能满足 DP 核心思想的算法均可称为 DP 机制。在实际的数据处理过程中,不同的问题和数据对象有着不同的处理机制。其中最常用的方法是在结果上添加满足某种分布的噪声,使得查询结果随机化。

目前,拉普拉斯机制[33]、高斯机制[13]和指数机制[34]是最常用的三种 DP 机制,其中拉普拉斯机制和高斯机制适用于数值型数据对象,而指数机制适用于非数值型数据对象。

拉普拉斯机制向查询结果中添加服从拉普拉斯分布的随机噪声实现 ε-差分隐私。

定义 5　拉普拉斯机制[33]　给定数据集 D,设有函数 $f:D \to \mathbb{R}$,其敏感度为 Δf,若随机算法 M 满足以下公式,则称其提供 ε-差分隐私保护。

$$M(D) = f(D) + Y \tag{1.5}$$

式中,$Y \sim \mathrm{Lap}(\Delta f/\varepsilon)$ 为随机噪声,服从尺度参数为 $\Delta f/\varepsilon$ 的拉普拉斯分布。

拉普拉斯机制中添加的噪声是从位置参数为 0,尺度参数为 b 的拉普拉斯分布中取样,记为 $\mathrm{Lap}(b)$,其概率密度函数可表示为:$p(x) = \dfrac{1}{2b}\exp\left(-\dfrac{|x|}{b}\right)$。由定义 5 可知,拉普拉斯机制中噪声量的大小与敏感度和隐私预算 ε 相关,即与 b 相关。b 越大,敏感度越大;ε 越小,表示引入的噪声量越大[35]。

拉普拉斯机制和高斯机制均对数值型数据提供保护。高斯机制是向查询结果中添加服从均值为 0,方差为 σ 的高斯分布的随机噪声实现 (ε,δ)-差分隐私。若用 $D(x)$ 表示方差,$\sigma(x)$ 表示标准差,则对于服从拉普拉斯分布的噪声有:

$$D(x) = 2b^2, \quad \sigma(x) = \sqrt{D(x)} \tag{1.6}$$

又因为 $b = \Delta f/\varepsilon$,所以有:

$$D(x) = 2(\Delta f/\varepsilon)^2 \tag{1.7}$$

$$\sigma(x) = \sqrt{D(x)} = \sqrt{2(\Delta f/\varepsilon)^2} = \sqrt{2}\,\Delta f/\varepsilon \tag{1.8}$$

高斯机制用 l_2-敏感度来衡量添加的高斯噪声。

定义 6　l_2-敏感度[13]　设有函数 $f:D \to \mathbb{R}$,f 的 l_2-敏感度可被定义为:

$$\Delta_2 f = \max_{D,D'} \| f(D) - f(D') \|_2 \tag{1.9}$$

定义 7　高斯机制[13]　给定数据集 D,设有函数 $f:D \to \mathbb{R}$,假设参数 $\sigma = c\Delta_2 f/\varepsilon$ 和

$N(0,\sigma^2)$ 是符合独立同分布的高斯随机变量,若随机算法 M 满足以下公式,则称其提供 (ε,δ)-差分隐私保护:

$$M(D) = f(D) + N(0,\sigma^2) \tag{1.10}$$

由于拉普拉斯机制仅适用于数值型结果,而在一些特定场景中,往往需要返回的是离散型结果,因此,McSherry 等[34]提出了指数机制。

若查询函数的输出域为 $Range$,域中的每个值 $r \in Range$ 为一实体对象。在指数机制下,函数 $q(D,r)$ 成为输出值 r 的可用性函数,用来评估输出值 r 的优劣程度[34]。

定义 8 指数机制[34] 设随机算法 M 输入为数据集 D,输出为一实体对象 $r \in Range$,函数 $q(D,r)$ 为输出值 r 的可用性函数,Δq 为函数 $q(D,r)$ 的敏感度。若随机算法 M 满足以下条件,则称其提供 ε-差分隐私保护。

$$M(D) = \left\langle \text{以正比于} \exp\left(\frac{\varepsilon q(D,r)}{2\Delta q}\right) \text{的概率从} Range \text{中选择并输出} r \right\rangle \tag{1.11}$$

在实际应用中,通常需要解决的是较为复杂的隐私保护问题。常见的解决方式是将较为复杂的问题分解成若干简单的问题,即执行多次 DP 保护算法。

依据不同分解情况,有两个常用的 DP 组合性质,分别为序列和并行组合定理[36]。

对同一数据集 D 使用不同的 DP 机制时,可以使用序列组合定理计算隐私保护参数。

定理 1 序列组合[34] 假设有隐私机制集 $M = \{M_1, M_2, \cdots, M_n\}$ 分别作用于同一个数据集 D 上,每一个 M_i 能够提供 $(\varepsilon_i, \delta_i)$-差分隐私保护且有 $i \in [1,n]$,则由这些算法构成的组合算法 $M(M_1(D), M_2(D), \cdots, M_n(D))$ 可提供 $\left(\sum_{i=1}^{n} \varepsilon_i, \sum_{i=1}^{n} \delta_i\right)$-差分隐私保护。

当分别对独立不相交的一组数据集使用不同的 DP 保护算法时,可以使用并行组合定理获得最终的隐私保护预算。

定理 2 并行组合[37] 假设有隐私机制集 $M = \{M_1, M_2, \cdots, M_n\}$,同时每一个 M_i 能够提供 $(\varepsilon_i, \delta_i)$-差分隐私保护且有 $i \in [1,n]$,若机制 M_i 分别作用于不相交的数据集 $D = \{D_1, D_2, \cdots, D_n\}$ 中的 D_i 上,则由这些算法构成的组合算法 $M[M_1(D_1), M_2(D_2), \cdots, M_n(D_n)]$ 共提供 $(\max \varepsilon_i, \max \delta_i)$-差分隐私保护。

在实际隐私保护执行过程中,可利用上述两种组合特性将隐私保护程度限定在有效的范围内。即针对不同的应用情景(同一数据集或若干不相交的数据集),根据给定的总隐私保护预算 ε,对数据集和隐私保护机制执行分析等操作,最终只要保证消耗的总隐私预算小于等于给定的隐私预算 ε 即可。此外,对于高斯机制也具备以下性质。

定理 3 隐私预算 $\varepsilon \in (0,1)$,对于 $c^2 > 2\ln(1.25/\delta)$,若高斯机制的参数满足 $\sigma \geqslant c\Delta_2 f/\varepsilon$,则高斯机制满足 (ε,δ)-差分隐私保护。

此外,对现有 DP 方案的研究均需对其方案性能进行评估。目前,最常见的两种评估方式是噪声量评估和误差评估[38]。

（1）噪声量评估。根据向查询结果中添加的噪声量的大小来评估性能是最简单的方式，越小的噪声量意味着更高的性能，这种性能测量方式被广泛应用于数据发布阶段。

（2）误差评估。性能评估可依据非隐私输出和隐私输出之间的差距来进行测量。例如，对于单一查询结果发布的性能评估可以通过 $|f(D)-\hat{f}(D)|$ 来实现，它们之间的距离越小就意味着性能越高。误差评估通常结合有界准确性参数表示[39]。

定义 9 （(α, β)-**可用性**[39]） 若要使查询集 F 满足 (α, β)-可用性，则须：

$$\Pr(\max_{f \in F} |f(D)-\hat{f}(D)| \leqslant \alpha) > 1-\beta \tag{1.12}$$

其中，α 为误差边界的准确性参数。

1.2.3 差分隐私国内外研究现状

DP 最早针对统计数据库的隐私泄露问题而设计的一种隐私保护概念，该理论因具备提供完整且可证明的数学理论基础，一经提出就引起了学术界的关注，主要研究包括 DP 输入输出数据的性质[40]，机制的设计与设置[33]，在社交网络[41-42]、位置隐私[43-44]、推荐系统[45-47]等领域的应用和发展。随着研究的深入，DP 也逐渐从隐私保护领域扩展到数据科学领域，可与不同的技术，如机器学习[48-50]、数据挖掘[51-53]、统计学[54]和密码学[55]相结合，对计算结果提供隐私保护。

1. 按数据收集和处理方式区分

依据原始数据的收集和处理方式划分，可将 DP 分为中心化差分隐私[38]和本地化差分隐私[56]。Dwork[38]最早将服从拉普拉斯分布的噪声添加至直方图统计数据中，这种方式能够有效回答实值查询，但是可查询数量受数据集大小的限制。这种对聚合数据的隐私保护方案就是典型的集中式差分隐私，它将数据聚合后统一实施 DP 机制后，再发布隐私安全的统计数据。集中式差分隐私是最传统也是最直接的聚合型数据隐私保护方案，以 Dwork[38]的方案为基础，研究者提出了不同的模型及算法。表 1.3 列出了不同机制的集中式差分隐私部分代表性研究工作。

表 1.3 集中式差分隐私方案

机制分类	描述	代表性研究	
		交互式	非交互
拉普拉斯	将拉普拉斯噪声直接添加到查询结果中	[33]	[54]
转换	将原始数据集转换成新的结构	[57]	[58]
数据分割	将数据集划分为几个部分，再将噪声分别加到每个部分	[59]	[60]
迭代	递归地更新数据集或查询答案以优化加噪答案	[61]	[62]
查询分离	在少量查询中添加噪声，可用固定的 £ 回答更多的查询	[63]	[51]

其中,拉普拉斯机制就是将拉普拉斯噪声直接添加到查询结果中,这种方式虽然易于实施且能回答所有类型的查询,但是相关方案会在结果中引入过量的噪声导致结果失真。为此,转换机制为调整敏感度大小或噪声量将原始数据集映射到新的结构。转换机制的关键问题是找到一种合适的结构,使得查询答案的错误最小化。同样的,为降低噪声量,数据集分割机制将原始数据集分成若干部分,方案实现的挑战在于如何设计包含多个查询的分区策略。迭代是一种递归更新数据集以近似一组查询的加噪答案的机制。迭代机制具备更高的可用性,且可以回答比拉普拉斯机制更多的查询。但如何设计更新策略以及如何设置阈值等相关参数是其面临的主要挑战。查询分离机制是假设一个查询集可以被分成几个组,并且某些查询可以重用噪声获得答案,其是一种打破查询数量限制的策略,但是分离查询是机制实现的难题。

集中式差分隐私机制是假定集中式数据服务器是可信的和安全的,它不会窃取或泄露参与者的敏感信息。然而,在实际部署中,该前提常会导致许多隐私泄漏问题。

近年来,随着分布式环境的推广和流行,针对分布式数据处理模式的隐私保护问题也得到了研究人员的关注。分布式的各节点相对独立且数据多源异构,为实现优化和控制而频繁进行的通信、数据协同等操作势必会对隐私信息构成威胁。如何在实现分布式多点协同工作的同时消除数据流转过程中潜在的隐私威胁;如何在保护各节点隐私的同时实现对分布式系统中全局隐私的保护;如何在保证分布式隐私保护策略有效的同时降低对查询、存储和挖掘等数据操作的负面影响都是值得关注和具有挑战性的研究问题。

本地化差分隐私(Local Differential Privacy,LDP)技术就是基于此类情况被提出的。其要求每个终端在本地对数据添加扰动后再上报给不可信的服务器,实现对隐私信息的保护。LDP 在数据采集阶段对每个用户的隐私数据提供保护,且不依赖于第三方服务器,能有效地平衡分布式数据统计或分析结果的隐私性和可用性,缓解参与用户在统计和分析任务时的隐私担忧。因此,利用 LDP 解决分布式数据隐私保护问题是可行且适配的。

Kasiviswanathan 等[56]最先将 LDP 模型形式化,随后 Duchi 等[64]在此基础上给出了 LDP 模型的理论上界。截至目前,出现了大量关于 LDP 的研究。表 1.4 依据 LDP 数据处理目的列出了相关代表性研究工作。

表 1.4 本地化差分隐私方案汇总

目的		描述	代表性研究
基于 LDP 的隐私统计学习	隐私经验风险最小化	LDP 下达到最优隐私性和效用间的权衡的研究	[65-67]
	隐私假设检验	基于 LDP 的统计推断的研究	[21,68-69]
	联邦学习和深度学习	联邦学习或深度学习中引入 LDP 保证隐私的研究	[49,70-71]

(续表)

目的		描述	代表性研究
基于 LDP 的隐私统计数据分析	隐私关联与聚类分析	基于 LDP 稀疏协方差矩阵估计、主成分分析、聚合分析等研究	[72-74]
	数据挖掘分析	基于 LDP 的隐私频繁项挖掘等的研究	[52,75-76]
LDP 隐私增强		基于 LDP 中匿名、洗牌和迭代采样的隐私增强研究	[77-79]
基于 LDP 的应用	隐私界限查询	基于 LDP 的隐私查询的研究	[80-82]
	隐私多维分析查询	基于 LDP 的隐私多维分析查询	[83-84]
	隐私位置数据	基于 LDP 隐私位置信息采集研究	[43-44,85]
	隐私推荐系统	利用 LDP 构建隐私推荐系统	[45-47]

2. 按隐私保护实施阶段区分

依据隐私保护的目的划分,DP 的研究方向主要集中在差分隐私数据发布[10]和差分隐私数据分析[86]两个方面。其中,差分隐私数据发布旨在向公众输出汇总信息,而不披露任何个人记录。依据数据类型的不同,数据发布方案可分为基于基础结构的事务型、直方图、流、图的交互式发布形式和批量查询、列联表、匿名数据集、聚合数据集等非交互发布形式。除此之外,还包含二维流数据、二维空间数据、低频统计值等新型或特殊的发布方案。表 1.5 列出了 DP 不同发布数据类型的代表性研究。

表 1.5 差分隐私数据发布方案

数据类型		优势	缺陷	代表性研究
交互式	事务型	现实中最常用、最受关注	需要牺牲计算效率来换取可接受的准确性	[33,87]
	直方图	限制对噪声的敏感性,可映射事务数据集	结果一致性可能会被破坏	[59,88]
	流	数据随时间不断增加或更新	持续发布中的统计查询问题	[61,89]
	图	精确描述个体间关系	变换图结构的隐私统计发布仍在研究中	[32,90]
非交互式	批量查询	最常见的非交互场景	相关查询之间的敏感度高	[58,60]
	列联表	突出数据中组合属性的频率	结果一致性可能会被破坏	[54,62]
	匿名数据集	发布具有与原始记录相同属性的记录	结果的精确度依赖其他参数	[51,91]
	聚合数据集	同原始数据集的分布,但数据格式不同	回答任意查询的低效问题	[56,92]

(续表)

数据类型		优势	缺陷	代表性研究
其他	多维流	更适用于分布式环境下对数据的处理	较高的空间复杂度	[93-94]
	二维空间数据	利用表述平面或地理数据	结果可用性不高	[95-96]
	低频统计值	适用于统计占比小的统计结果	存在可用性低、误差高可能	[97-98]

如表 1.5 所示，交互式数据发布方案可以处理的数据对象有事务型数据集、直方图、流和图。对于事务型数据集，可以选择拉普拉斯、变换、查询分离和迭代机制实现对其的隐私保护。在固定的隐私预算下，转换和查询分离机制会比拉普拉斯机制回答更多的查询。然而，它们对数据集或查询有一些非常严格的标准。例如，转换机制要求数据集具有一些特殊属性；查询分离机制假设查询可以划分为不同的类型；迭代机制对数据集的假设很少，且它具备执行时会添加或减少噪声，对于低维数据集具有较少的运行时间等优势，但是迭代机制不能应用于复杂或高维的数据集。

用直方图表示事务型数据是方便且通用的形式，直方图 DP 机制是旨在隐藏每个条形图的频率，故其优势是限制了对噪声的敏感度。对于直方图类型的数据，可采用拉普拉斯、数据分割等方式实现对其的隐私保护。其中数据分割是最流行的直方图发布机制，但是优化分区策略如何在拆分和合并条形区域之间取得平衡是其面临的一项挑战。

针对流数据研究的是如何在 DP 约束下提高发布计数的准确性，可采用拉普拉斯、数据分割、迭代等方式实现对其的隐私保护。对于流数据的发布还有很多未解决的问题，例如，如何定期发布多维数据集以及如何处理持续发布中的其他统计查询等问题。

图是社交网络中使用的数据类型，它表示个体之间的关系等信息。对于图的 DP 机制，主要从图的边信息和节点信息的隐私保护两方面研究。现今，对于基本图的边和节点的隐私保护具有较为成熟的机制，但对于超图的研究仍是挑战。

如表 1.5 所示，非交互式数据发布方案是指需将所有查询结果都一次性反馈，所以其关键是对于敏感度的处理。此外，查询之间的相关性也将显著提高敏感度，继而会导致更多的噪声出现。目前主要针对发布批量查询结果、列联表、匿名数据集以及聚合数据集这几种可能的用于问题解决的方案。其中，批量查询发布的关键问题是如何降低相关查询之间的敏感度。目前，转换是最流行的解决方式。迭代和分割数据可能对相关性分解无效，但它们有可能回答更多类型的查询。

列联表是医学、社会科学等领域常用的数据分析结构，常用于显示数据集中组合属性的频率。对于列联表的隐私发布，不仅要求边际频率表的保密性，还要求这些表的一致性。即在不同的边际频率表中，相同属性的计数应该是相等的。

匿名数据集发布可以保证发布的记录与原始记录具有相同的属性。DP 匿名数据集发布是一个棘手的问题,机制不仅必须发布具体的记录,还应满足隐私保护的要求。

DP 聚合数据集发布要求遵循原始数据集的分布,但不必有相同的格式。利用计算学习理论设计 DP 聚合数据发布实现了机制在保持 DP 的同时保持可接受的效用。然而,如何降低计算复杂度及如何在这些数据集上提供各种类型的查询仍然是机制面临的挑战。

差分隐私数据分析旨在发布一个近似准确的分析模型,其核心思想是将现有的非隐私算法扩展为差分隐私算法。差分隐私数据分析大致可分为两种实现模式,分别为拉普拉斯/指数框架[86,99]和隐私学习框架[100-102]。表 1.6 列出了差分隐私数据分析不同框架下的代表性研究。

表 1.6　差分隐私数据分析方案

模式	描述	代表性研究
拉普拉斯/指数框架	将拉普拉斯或指数机制应用于非隐私分析算法中	[88, 101, 103-105]
隐私学习框架	输出近似准确模型并保护训练样本差分。隐私的学习器能够保护训练样本的隐私,并输出有边界精度的假设	[100-102]

如表 1.6 所示,拉普拉斯/指数框架最突出的优点是具备灵活性和简单性,其可自由地将拉普拉斯和指数机制应用于各种类型的分析算法中。该框架面临的主要挑战是结果的准确性,特别是对于那些运算具有高敏感度的算法会导致分析结果中出现大量的噪声。因此,拉普拉斯/指数框架仍有进一步改进的空间。

隐私学习框架将差分隐私与多种机器学习算法相结合,以保护训练样本的隐私。其基础理论是经验风险最小化(Empirical Risk Minimization,ERM)和可近似正确(Probably Approximately Correct,PAC)学习。ERM 通过将学习过程转化为凸最小化问题来帮助选择最优学习模型。差分隐私要么给输出模型增加噪声,要么给凸目标函数增加噪声。PAC 学习估计学习样本数量与模型精度之间的关系。算法获得的样本越多,结果越准确。由于隐私学习会导致更高的样本复杂度,因此如何缩小隐私学习过程和非隐私学习过程之间的样本复杂度差距,使隐私学习在可接受的样本数量下可行是机制研究的关键。

综上所述,对于 DP 的研究当前主要集中在对数据集的隐私发布和隐私分析两大部分,研究人员提出各种优化方案力求在保护数据集中隐私信息的同时还原原始数据集的数据分布、统计结果等相关特性。然而现有的研究结果仍未出现一个普适性的差分隐私保护方案,更多的是针对某一种特定的数据类型和应用场景提出的特定保护方案,DP 经典机制的实际使用仍需要根据实际应用场景进行改进。此外,DP 机制只适用于解决数据的隐私保护问题,不具备其他的安全性功能,但是其可计算、可证明以及关键参数调节执行结果等的特性非常适用于将其与其他安全功能结合使用,现有的研究鲜少有将其与其他安全技术结合生成对数据集的多维度安全保护方案。

1.3　数据可追踪性理论基础与研究现状

目前大多数隐私保护方案关注如何保证数据的隐私性和完整性,包含上述 DP 技术在内的隐私保护方案重点研究如何最大限度地抵抗隐私信息的非法获取和使用。然而,在实际的数据交互过程中,隐私信息的泄露往往是不可避免的。针对发布和分析数据的计算节点或相关责任人的追踪方案的研究也应受到重视。

其中,数据可追踪性是指当捕获到被泄露给第三方的数据后,能通过分析非法数据的相关特性,追查到源头和相关责任人,以实施补救措施等。通过对现有相关技术的研究,数据溯源、数字指纹和叛徒追踪三种技术可从不同的角度解决数据可追踪性问题。

(1) 数据溯源技术[106]。其利用标记或者函数推导的方式描述数据全生命周期的所有操作和变换的信息。通过分析数据的相关描述信息可识别并追踪到非法用户、源头和路径等信息。

(2) 数字指纹技术[107]。其向数字产品中嵌入与使用者相关的编码信息来实现对数据的追踪。非法传播的数字产品中包含的编码信息在数据传播时是唯一的。

(3) 叛徒追踪技术[108]。其利用加密和水印技术在广播加密系统中实现对非法传播信息的用户的识别和追踪。

为了更好地与 DP 相结合,实现可追踪的数据隐私保护方法,从上述三种技术中选择较适配的数字指纹技术实现对数据集的追踪功能。接下来,重点介绍数字指纹技术的相关研究内容。

1.3.1　数字指纹技术简介

数字指纹(Digital Fingerprinting,DF)是数字版权保护领域的技术,它由数字水印(Digital Watermarking,DW)技术发展而来,并能为数字媒体提供版权保护和追踪功能。就像世界上没有任何两个人的指纹是相同的一样,DF 就如同生物指纹一样可用来进行身份验证。它将不同用户的身份信息编码并嵌入同一个数字媒体的不同副本中,再将这些副本分发给相关用户。这些被嵌入数字媒体中的代表不同用户身份信息的编码被称为指纹。因为不同用户嵌入同一数字媒体副本中的指纹是不同的,所以只要从非法传播的数字媒体中提取并检测出指纹信息就可以识别叛徒用户。

DF 重点研究如何在数字媒体中嵌入有效指纹信息并对其实施完全的检测和提取。一个完整的 DF 模型包含分发系统和追踪系统,其中分发系统包含指纹的生成和嵌入两个过程,追踪系统实现指纹的提取和追踪。不同用户执行指纹算法均需遵循 DF 协议,协议规定了各实体之间的交互方式以及不同数据分发及追踪系统的生成方式。数据指纹基本框架如图 1.2 所示。

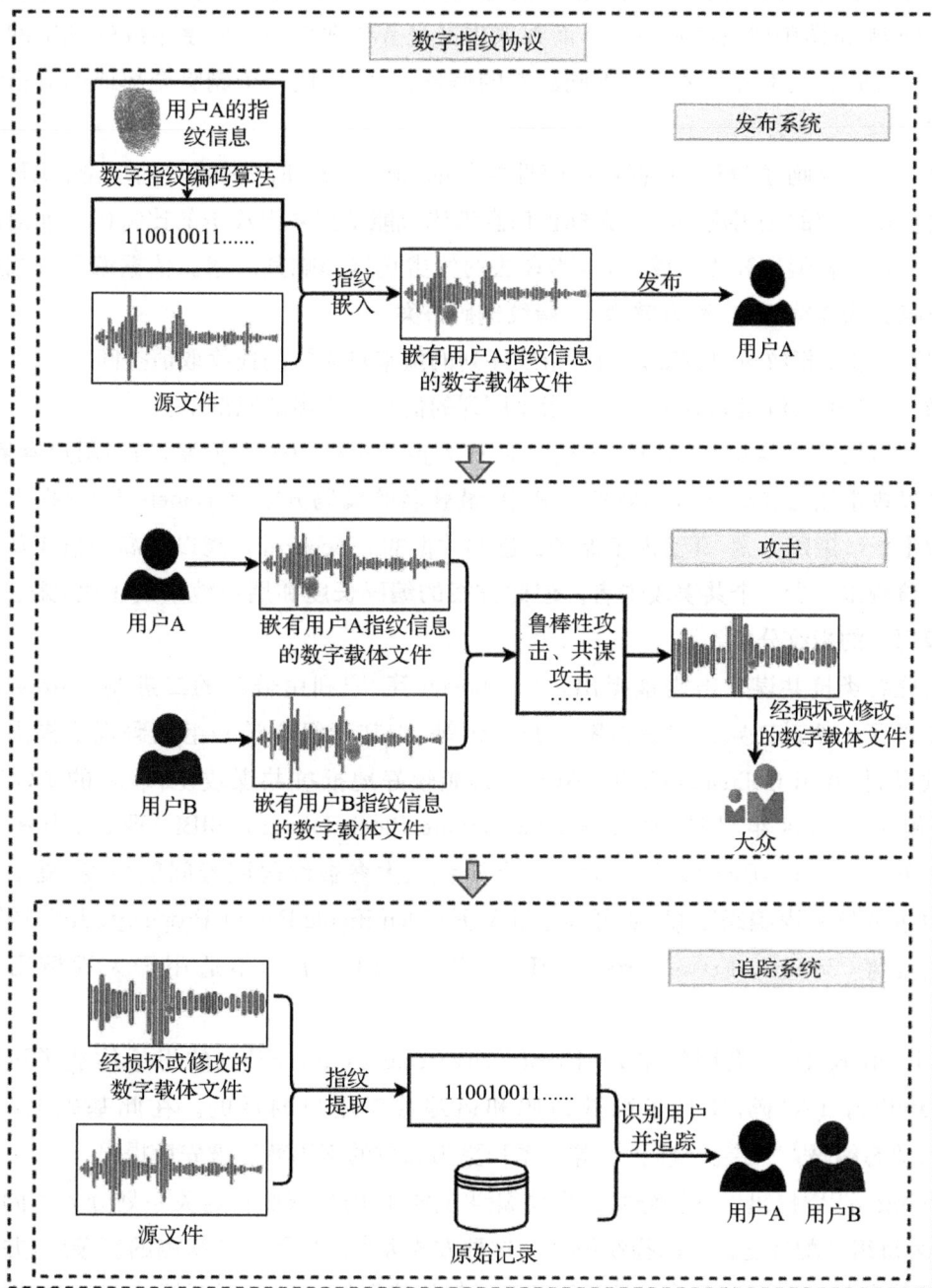

图 1.2 数字指纹基本框架

不诚实用户可能会为逃避追踪对嵌有指纹信息的载体产品进行特殊修改或损坏，以期损坏或者消除其中的指纹信息。DF 能否抵抗鲁棒性攻击是衡量其可用性的重要标准。

鲁棒性攻击是指攻击者对嵌有指纹信息的数字产品进行诸如裁剪、压缩、加噪、缩放、剪辑等处理，试图削弱或消除指纹。而共谋攻击是鲁棒性攻击在数字指纹领域中的一种典型攻击方式。攻击者通过比较不同副本的信息，企图生成一个删除全部或部分指纹的新副本。

接下来主要阐述 DF 与数据可追踪性相关的编码方案和协议的基础理论。DF 编码方案是依据一定的编码规则将个人标识信息编码成能抵抗共谋攻击的比特码。而对应的检测方案是依赖编码算法生成的，编码算法的优劣直接影响其效率。依据编码方式可将编码方案分为连续型[107]和离散型[109]指纹编码方案。

（1）连续型指纹编码方案。加入指纹序列的值来自无限的连续取值空间。

（2）离散型指纹编码方案。加入指纹序列的值来自有限的离散值。

离散型指纹编码方案是研究的热点，研究人员着重缩短码字长度，提高用户容量，增强抗共谋攻击能力和提升编码效率。其中，最著名的编码方案是 Boneh 等[109]提出的抗共谋攻击指纹编码方案，其引入了保护二进制数据的 c-Secure，并能以较高的概率从共谋副本中检测出至少一个共谋攻击者。但此方案的编码长度和用户数量成正比，无法应对大规模用户的指纹分发。

自此各类抗共谋攻击码被提出。Laarhoven 等[110]利用著名的二进制 Tardos 指纹代码实现了一个动态叛徒追踪方案。Trappe 等[111]基于组合学和组编码理论提出了一种抗共谋码（Anti Collusion Code，ACC），其能较好地抵抗共谋攻击，著名的 ACC 有 I 码、均衡不完全区组设计（Balanced Incomplete Block Design，BIBD）码、自由覆盖族（Cover Free Family，CFF）码等。后续又有学者从大参数编码困难问题出发，提出了一系列改进的抗共谋编码方案，如可确定性父元（Identifiable Parent Property，IPP）码[112]、安全防陷害（Security Frame Proof，SFP）码[113]等，但以上均不适用于大规模用户的应用。

Silverberg 等[114]利用纠错码（Error Correcting Code，ECC）的思想构造了可追踪（Taceability，TA）码，实现了高效编码和追踪共谋用户的目的。在此基础上，c-TA 码[115]、动态编码[116]、层次编码[117]等一系列更为高效的编码算法被先后提出。

Wang 等[118]提出了基于分组的指纹编码方案，将用户依照特定关系划分为不同的组别，并为每组分配独立正交的指纹编码。这种方式大大降低了指纹检测的复杂度，并提高了抗共谋攻击的能力。He 等[119]将分组编码与纠错码结合提出了两级检测算法，缩短了检测时间。但是值得注意的是，上述分组关系均为静态的，不同分组的用户也能可共谋成功。表 1.7 总结并对比了上述离散指纹编码方案。

表 1.7 离散指纹编码方案对比

编码方式	示例	优点	缺点
基于嵌入假设	c-Secure 码[109]、Tardos 码[110]	抵抗共谋攻击,至少追踪到 c 个共谋者中的一个	系统用户较多时,通过增加码长降低误码率
基于组合学	ACC[111]、IPP 码[112]、SFP 码[113]	抵抗共谋攻击,有效缩短码字长度	部分编码存在大参数编码困难问题,且仅适用于中小规模
基于纠错码	TA 码[114]、c-TA 码[115]、动态编码[116]、层次编码[117]	较高的数据检测、提取和追踪效率	抵抗共谋攻击,较差的鲁棒性
基于分组	分组编码[118]、分组和正交结合编码[119]	检测复杂度降低,解决大用户量问题	分组关系是静态的,跨组用户可共谋

仅依赖编码算法实现叛徒追踪是不够的,通常还需结合相关 DF 协议共同完成追踪任务。DF 协议用于控制用户和版权方之间的交互,一般分为三种类型:对称指纹协议、非对称指纹协议和匿名指纹协议。

(1) 对称指纹协议。版权方和某一用户拥有完全相同的指纹嵌入作品。一旦出现带有某用户指纹的非法拷贝时,则无法判定非法用户是授权用户还是版权方。

(2) 非对称指纹协议。参照加密体制引入可信第三方,用户和数字载体间的匹配记录只对第三方可见,实现非法用户的不可否认性。但该方式存在暴露用户隐私的风险。

(3) 匿名指纹协议。利用可信登记中心对用户身份信息进行登记。用户购买时用验证信息替代身份信息。通过登记中心,发行商只能获知非法传播的数字产品所对应的用户。

依据指纹检测是否需要原始数字产品,可将 DF 方案分为非盲、半盲和盲方案。

(1) 非盲方案。提取指纹时需要将原始数字产品作为参考。

(2) 半盲方案。提取指纹时不需要原始数字产品,但需要将其附加信息作为参考。

(3) 盲方案。提取指纹时不需要将原始数字产品或附加信息作为参考。

1.3.2 数字指纹可追踪性分析

理想的数据可追踪性解决方案应能通过消耗合理的计算资源从非法数据中识别出全部非法泄露、散播或重放数据资源的叛徒用户。在此基础上估算损失,实施补救措施,恢复系统或数据环境的正常状态。

DF 旨在将编码信息嵌入载体数字产品中,通过检测非法数字产品中的指纹信息可确定叛徒用户。由此可知,经 DF 处理过的数据和原始数据应具备相同的功效,且其中的指纹信息应不易被察觉。可追踪性的实现是通过提取指纹信息来锁定叛徒用户的。但是,DF 在嵌入后必然改变部分原始数据的内容,所以无法完全保证处理过的数据的完整性、关联性。相关特性总结如表 1.8 所示。

表 1.8   数据可追踪性解决方案特性总结

特性	解释	是否具备
可用性	方案处理过的数据仍能达到原始数据的应用效果	具备
可追踪性	方案可实现对数据的追踪功能	具备
安全性	方案处理过的数据应保持与原始数据具有相同的安全性	不具备
不易察觉性	保证处理过的数据不能被轻易察觉到	具备且是优势项
易检测性	方案应尽可能少地消耗各类计算和时间资源等	依据方案
关联性	方案应能保持数据间的关联性	不具备
可复原性	方案在保证追踪性的基础上应能及时矫正非法操作并恢复正常运行	依据方案

DF 利用数字产品的冗余性向数字产品中嵌入定量的由用户的标识信息生成的差异化指纹编码数据,这保证了分发给不同用户的数字产品具有唯一性。提取非法泄露、散播或重放的数字产品中的指纹信息可定位到叛徒用户。DF 的最大优势是其能以不易察觉的方式实现对数字产品的追踪。即使非法用户明确知道指纹信息的存在,并企图利用某些方式去除指纹,但目前的大部分指纹方案仍至少可识别出部分非法用户。

从指纹嵌入的载体对象来看,DF 的研究最初集中在图像、视频等冗余信息较多的多媒体领域。这些研究旨在通过不断改进编码方案来提高编码效率,增强抵御共谋攻击的能力。随后,针对各种数据类型的 DF 方案也被相继提出。

Lian 等[120]以音乐、图像、电视直播或视频等多媒体为对象提出了一个轻量级的 DF 安全追踪方案;Tsubouchi 等[121]针对可执行文件提出了一个数字指纹追踪方案,其用于识别非法传播的欺诈性软件可执行代码;Zhao 等[122]在广播加密系统中实现了基于属性的加密的叛徒追踪方案;Elhoseny 等[123]通过为不同句子生成指纹来实现针对文本数据的语义相似度检测;Ikegami 等[124]以网络信息结构为基础提出了一种反情报方法来识别窃取机密信息的攻击者。

因很难将过长的编码直接嵌入数据中,DF 方案对于冗余信息较少的文本型数字载体的研究还很少,目前仅有少量针对关系型数据库的 DF 方案。其中,大多数方案是通过不同的方式标记属性或元组的值来达到目的,这大大降低了可用性和简单性。

1.3.3   大数据背景下数字指纹可追踪性分析

大数据具备数据量大、处理速度快、多样化和数据价值高等特点,大数据的发展给 DF 的研究带来了新的挑战和机遇。以大数据为运行背景,DF 方案从指纹编码、嵌入、提取到检测环节均需进一步的改进,以满足以下相关特性。

（1）并发性。方案能并发实现对数据的追踪处理操作。

（2）实时性。方案能实时反馈对数据的追踪分析结果以保证高效性。

（3）兼容性。方案能实现对不同数据类型的兼容性追踪。

（4）智能性。方案能实现部分智能追踪和分析操作。

依据大数据的特点，从数据规模、处理速度、数据类型和语义信息四个方面分析 DF 在大数据背景下解决数据可追踪性的适用性问题[125]。

（1）数据规模。数据规模的增大对 DF 最大的考验是编码效率和对编码长度的限制问题，尤其是对文本型载体数据要考虑如何以更短的编码指代更多的用户。关于这类问题，可通过优化编码方式，更新嵌入和检测算法等实现对大规模数据的标记。如 Liu 等[126]将基于哈希的相似度搜索方法引入指纹检测，该方法就适用于大规模、高维数据。Chidambaram 等[127]使用由 MD5 消息摘要生成的指纹信息可实现云安全存储，方案中的指纹编码是由 MD5 消息摘要生成的。

（2）处理速度。DF 对实时性是有绝对要求的，随着计算机处理速度的提升以及处理方式的改进，它适用于大数据环境中对叛徒用户的追踪操作。Qureshi 等[128]提出了一种高效的基于点对点模式的大规模多媒体安全分发系统，该系统不仅使买家能够匿名获取数字内容，而且能够取消叛徒用户的匿名。

（3）数据类型。大数据环境下更多的是半、非结构化数据，如地理位置、网页信息、视频等。针对具备不同的冗余度和组织方式的数据，需设计不同的嵌入和检测算法。目前大多数方案是针对某种单一数据类型实现的，如 Li 等[129]提出了一种大数据环境下数字图像版权保护的自适应盲水印算法，该算法仅适用于图像数据。

（4）语义信息。从海量信息中感知有价值的信息对实现叛徒追踪具有重大的意义。DF 向载体对象嵌入编码信息时应尽量降低编码对数据内容的影响。Elhoseny 等[123]通过比较句子的指纹信息提出了一个基于指纹的大数据语义相似度检测系统。

从另一个角度来看，大数据环境下除了明显的数据量问题外，还包括数据类型复杂多样、数据产生速度快和对数据的真实性、处理速度要求较高等问题。而这些问题的存在阻碍了 DF 在大数据环境下实现追踪功能的应用，若能解决下列问题，则在大数据背景下即可尝试利用 DF 实现对数据的可追踪性功能。

（1）用户数量和编码问题。用户量的增大是信息技术发展的必然结果，DF 方案需为每个用户设计唯一的编码，这会导致码字长度增长的问题。编码长度的增加必然会降低指纹嵌入和检测的效率，因此必须设计能容纳更多用户的指纹编码方案。

（2）指纹检测效率问题。传统的指纹检测方式是基于相关性的遍历匹配算法，随着用户的增加必然会引发效率低下等问题，因此必须设计高效的指纹检测算法。

（3）数字指纹协议问题。大数据环境下网络结构复杂多变，出现了诸如点对点（peer-to-peer，P2P）等不适合第三方机构出现的交互模式。这些交互模式中任何用户均可以发布数据,数据拥有者应在数据生命周期内具备对该数据的追踪能力。因此,必须设计能更好地应对复杂多变的交互模式且包容性更强的相关协议。

(4) 数据载体问题。将图像、视频等冗余数据较多的多媒体作为载体对象的 DF 方案研究较为充分,以其他数据类型作为载体的研究还较少。当前的研究无法应对大数据背景下不断新增的数据类型,因此必须设计具备高普适性的数字指纹方案。

针对上述问题并结合实际情况,尝试提出以下改进的解决方案,且不同方案可针对性地解决上述一种或多种问题。

(1) 优化指纹编码算法。可利用机器学习并结合分组思想生成相似用户组,使得同一用户组的用户具有更为相似的编码,以此提高指纹编码和检测效率。此外,还可与其他技术结合,实现兼备其他功能的追踪方案,但这也为提出更为合适的 DF 协议增加了难度。

(2) 多中心化或去中心化结构。面对多中心化和去中心化结构,建立多层指纹发布和检测机制提升算法的执行效率,但这样的复杂机制为提出更为合适的 DF 协议增加了难度。

(3) 提升嵌入信息单元。尝试利用集成原理设计包容性较强,适用于多种数字载体的嵌入信息单元。在分发数字产品时,输入简单的标识性内容即可快速生成完整嵌入单元,但信息单元的复杂性会提升编码难度。

(4) 智能嵌入和检测装置。可利用物联网技术,将嵌入和检测过程下放至个人电脑(Personal Computer,PC)端或存储设备,提高执行效率的同时可应对诸如 P2P 等复杂交互模式。但这种方式必然会增加编码难度。

表 1.9 列出了利用 DF 实现大数据背景下数据可追踪性的可行解决途径,并说明了它们能够解决以及会引发的问题。

表 1.9　基于数字指纹技术的数据可追踪性解决途径对比

解决途径	主要解决问题	主要缺陷
优化指纹编码算法	用户量和指纹编码、检测效率问题	数字指纹协议问题
多中心或去中心化结构	用户量和指纹编码、检测效率问题	数字指纹协议问题
提升嵌入信息单元	数据载体问题	用户容量和编码问题
智能嵌入检测装置	用户量和指纹编码、检测效率问题	编码问题

综上所述,针对 DF 技术的研究已相对成熟,研究人员针对不同类型的数据载体、不同的应用场景提出了各种数字指纹嵌入、编码和检测方案。DF 技术也具备完整的研究体系,包含经典的编码方案、检测方案以及相关协议。但是随着大数据的发展,如何实现大型载体数据的高效嵌入、数字指纹编码长度增加等问题是亟待解决的问题。同时,DF 技

术是版权保护领域的技术,只具备对载体数据的追踪功能,但其标识性信息的编码方法可适用于各类方案中。当前,鲜少有研究方案将其与其他技术通过对标识性的编码这一关键连接点关联起来,探索并实现对载体数据的多维度保护方案。

1.4　本书研究内容和结构安排

1.4.1　研究内容

围绕设计可追踪的数据隐私保护方法这一核心问题,本书主要研究能够同时实现对数据的隐私保护和追踪功能的方法。为此,在分别考查当前可用的隐私保护技术和数据追踪技术基础上,将差分隐私技术和数字指纹技术相结合,尝试在数字指纹嵌入的过程中同时实现可证明的数据隐私保护方法。

本书的主要研究内容有:

(1) 基于差分隐私的隐私增强型可追踪噪声指纹方法研究。

(2) 具备隐私保护能力的半盲指纹方法研究。

(3) 可追踪的隐私增强型机器学习分类器。

(4) 数据集隐私保护程度与精确度权衡应用方案。

这 4 个研究相辅相成,具有较明确的内在关联逻辑,图 1.3 表明了本书的主要研究内容以及它们之间的关系。

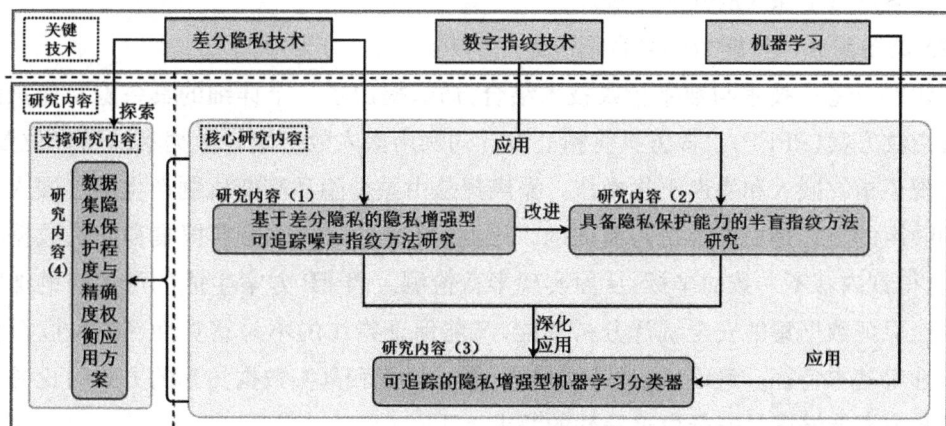

图 1.3　本书研究内容及其关系

其中,研究内容(1)是可追踪的数据隐私保护方法研究的基础,它初步实现了将差分隐私和数字指纹技术的结合,在保证加噪数据的可用性和安全性的同时提供抗共谋攻击的数据追踪功能。研究内容(2)对(1)的方法进行了优化,实现了半盲指纹检测,能够更合理地对指纹嵌入数量实现控制,提高了指纹嵌入和检测效率,具备更强的鲁棒性。研究内容(3)是对(1)和(2)的深化应用,结合机器学习数据训练过程,设计了一种基于差分隐私的可追踪型机器学习分类器,对训练数据集实现隐私保护和对计算节点的标记定位功能。研究内容(4)专门研究并探讨差分隐私技术的数据集精确度性和隐私性权衡问题,为其他3个研究了提供了理论和应用支撑。

本书的主要贡献是以实现高效可用的可追踪的数据隐私保护方法为目标,结合差分隐私和数字指纹技术设计了几种可追踪的数据隐私保护方法,各种方法具有不同侧重点和应用范围。具体取得的成果如下:

(1) 基于差分隐私的隐私增强型可追踪噪声指纹方法研究

现有的数字指纹方法大多集中在如何设计更健壮或更通用的指纹代码来有效追踪非法用户,而忽略了对载体数据本身的隐私保护。本书提出了一种新的思路,可实现同时对大规模数据集的隐私保护和追踪功能。以此思想为基础,进一步提出了一个基于差分隐私的隐私增强型可追踪噪声指纹方案(PTNF-DP),该方案论证了将差分隐私与数字指纹相结合的可行性。PTNF-DP 方案为每个计算节点精心设计由 DP 机制生成的噪声集,并嵌入数值型聚合数据集中,一步化实现对指纹嵌入和噪声干扰功能。PTNF-DP 方案所产生的加噪聚合指纹数据集的隐私性可通过添加适当的噪声来保护,而非法传播的来源可以通过识别其中的指纹信息来确定。此外,通过指定所有关键参数的值和代入实际数据的方式实例化 PTNF-DP 方案。仿真结果表明,该算法能够满足数据隐私保护和统计分析准确性的要求,还具备较强的鲁棒性和安全性。最后还通过数学公式推导和仿真安全攻击对方案进行了深入的性能分析。

(2) 具备隐私保护能力的半盲指纹方法研究

优化差分隐私技术与数字指纹技术结合方式,提出了一个详细的具备隐私保护能力的半盲指纹方案(PPFP)。该方案将精心设计的噪声嵌入数字聚合数据集的特定位置,一步化实现了指纹嵌入和噪声干扰操作。噪声集是由差分隐私高斯机制产生的。嵌入数据集中的噪声的坐标是由指纹编码而成的。因此,可通过比较原始数据集和非法数据集的哈希值,得到内容不一致的坐标,从而实现半盲检测。PPFP 方案生成的可追踪的加噪数据集既能保证数据集的安全统计分析功能,又能保证指纹的不易察觉性、鲁棒性、可信性和可行性等基本特征。最终,通过公式推导、形式语言和真实数据仿真的方式讨论并分析了 PPFP 方案能够满足安全可追踪性的要求。

(3) 可追踪的隐私增强型机器学习分类器

随着机器学习的广泛应用,训练数据在收集和训练过程中产生的隐私泄漏问题已成为阻碍人工智能进一步发展的原因之一。已有研究是将深度学习与同态加密或者差分隐私技术结合以实现对训练数据的隐私保护。本方案尝试在保护训练集隐私性的同时实现对训练计算节点的追踪功能。为此提出了一种可追踪的隐私增强型机器学习分类器,其将差分隐私和数字指纹技术相结合,在保护训练数据集隐私的基础上,实现对非法传播训练模型或者数据集相关计算节点的追踪标记功能。该分类器既能保证安全判定分类功能,又能保证指纹的不可感知性、鲁棒性、可信度和可行性等基本特征。从后续的公式推导、理论分析和真实数据的仿真结果表明,该方案能够满足机器学习中对隐私信息的安全可追踪性的需求。

(4)数据集隐私保护程度与精确度权衡应用方案

经差分隐私处理后的数据集隐私保护程度与精确度权衡问题一直备受关注。本方案以大数据交易市场为背景对经差分隐私处理后的数据集的隐私保护程度与精确度间的权衡问题进行了探讨。大数据市场将数据作为市场上流通的商品以实现数据的有效利用。平衡发布数据集的精确度和隐私保护程度是大数据市场研究中逐渐出现的一项挑战。方案提出了一种具体的差分隐私数据交易(Differential Privacy Data Trading,DPDT)机制,可满足数据消费者对发布数据集使用需求的同时确保数据隐私。简而言之,DPDT机制通过生成隐私的聚合数据集来平衡其隐私保护程度与精确度,且精确度由数据消费者决定。此外,DPDT机制将精确性、隐私预算和支付费用相关联,根据数据集的精确度不同,计算出相应的支付成本。最后用实际数据仿真验证了DPDT机制,仿真和分析结果证明了在数据交易期间,DPDT机制实现了对发布数据集的隐私保护程度与精确度权衡。

1.4.2 研究及论证方法

本书拟采取统计归纳、理论分析、仿真与实验相结合、定量及定性分析、数学推导、形式化语言证明等研究方法,采用循序渐进、推本溯源的研究及论证方式,重点对DP和DF技术融合的可追踪的数据隐私保护核心算法的设计,可调参数隐私保护机制的构建,以及前述二者的数据隐私保护优化和博弈理论的探索等内容开展研究。

首先,归纳并总结聚合数据隐私威胁,在此基础上确定关键应对技术。具体的,采用研究现状调研、资料分析、专家咨询、案例调查、统计归纳等方法,以大数据及机器学习技术的发展为研究的前提,参照传统数据隐私威胁分类和解决技术,揭示大数据背景下,数据智能分析和处理过程中有关隐私的新型概念以及数据隐私保护的生命周期;从数据发布、存储、分析和使用四个阶段出发,辨析大数据中单源数据集可能面临的隐私威胁,明确涉及的核心解决技术,分析技术的优缺点、使用范围等,建立知识库,确定所面临的隐私威胁,熟悉并掌握所应用的基本隐私保护技术。对于此技术调研的具体研究方法及技术路线如图1.4所示。

其次,针对单聚合数据集两种技术融合的隐私保护方法研究以及前期技术调研成果,采用对比分析、专家咨询、操作验证、数值模拟、定量监测数据等方法,以中心化差分隐私技术为核心,探索数字指纹与差分隐私技术融合的切入点,研发或改进多项从不同角度实现数据安全的可追踪隐私保护算法。在此基础上,利用公开数据集对算法方案进行仿真

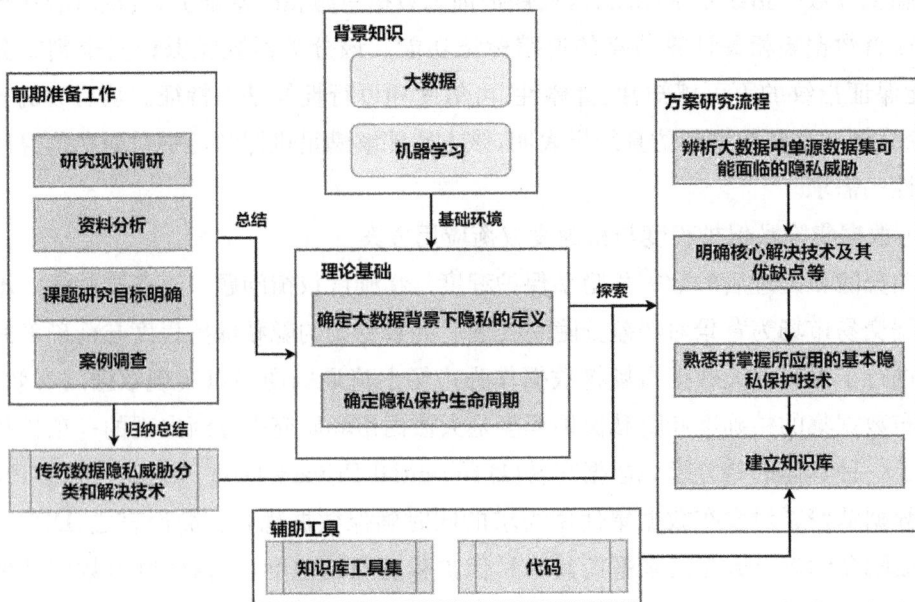

图 1.4   本书技术调研的研究及论证方法技术路线

和实验,验证方案的可用性,利用差分隐私参数计算不同方案隐私保护程度,辨析不同方案的优势和不足。此研究内容具体研究方法及技术路线如图 1.5 所示。

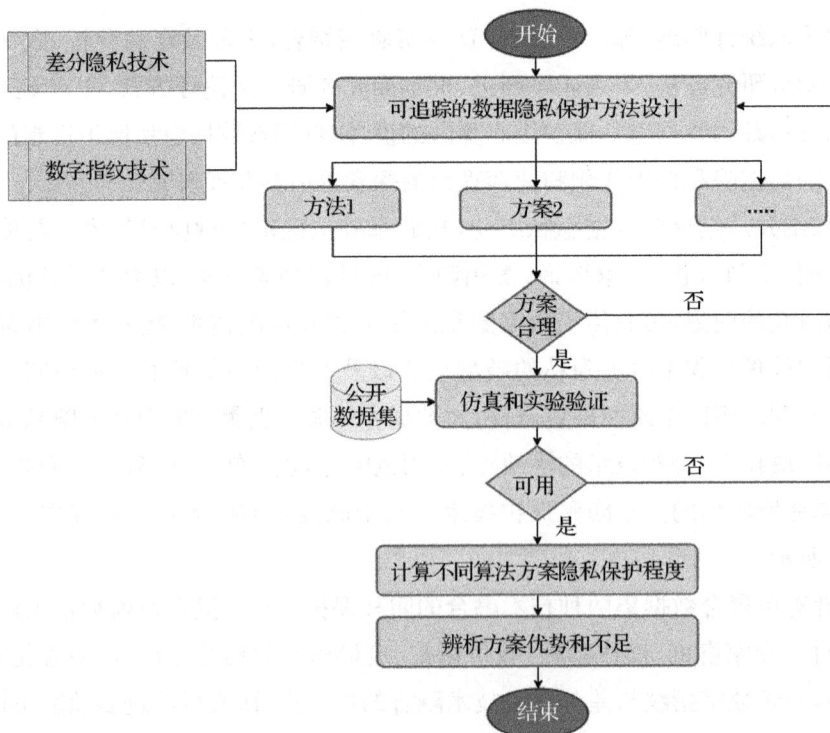

图 1.5   本书方案实现研究及论证方法技术路线

最后,可依据前两个阶段的研究内容,采用数值模拟及定义、参数抽象、理论分析等方法,尝试构建它们的数学模型,通过抽象并定义算法和模型的各参数为不同的常、变量,用特定的数学符号表示,设定初始值,刻画变量间的关系。依据构建的数学模型,采用数值模拟、试验研究、定量分析以及个案研究的方法,验证模型的准确性、合理性和实用性,在此基础上,采用理论计算、方案设计、数据仿真等方式,以隐私保护参数为基准点,讨论各方法中数据的隐私保护水平、次最优结果、参与用户数量、数据鲁棒性之间的博弈关系以及达到最佳收敛效果时的权衡关系。

1.4.3　结构安排

本书共分为 6 章,组织结构如图 1.6 所示,各章节的具体内容安排如下:

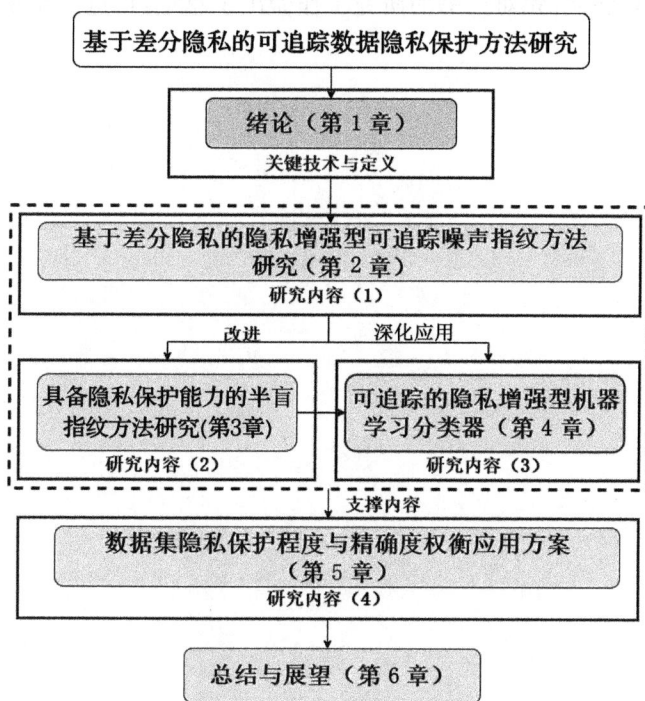

图 1.6　本书的章节组织结构

第 1 章为绪论,首先阐述了研究背景,然后分别介绍了全书应用的两个关键技术——差分隐私和数字指纹技术的理论基础和研究现状,最后阐述了全书的研究内容和各章节的组织结构安排。

第 2 章为基于差分隐私的隐私增强型可追踪噪声指纹方法研究,详细阐述了利用差分隐私和数字指纹技术实现的一种可追踪的数据隐私保护方案。该方案共包含了 3 个主要算法,并代入真实数据对算法进行可行性验证,最后通过公式推导和实验分析了方法的安全性和可追踪性。

　　第 3 章为具备隐私保护能力的半盲指纹方法研究,以第 2 章为基础,设计了一种半盲检测的可追踪噪声指纹方案。方案共包含两个主要的算法,并代入实际数据对算法进行可行性验证,利用形式化语言、Z 语言对方案的安全性和可行性进行了推导和证明。

　　第 4 章为可追踪的隐私增强型机器学习分类器。本章是对第 2 章和第 3 章提出的方案的深化应用,以机器学习中的训练集为对象设计了基于差分隐私的可追踪型分类器算法,实现对其的隐私保护和对叛徒节点的追踪功能。通过实例化案例对算法进行验证,证明了其可行性和安全性。

　　第 5 章为数据集隐私保护程度与精确度权衡应用方案。以大数据交易市场为应用背景,设计了基于差分隐私的数据交易算法,该算法将可用性、隐私性和数据交易价值相结合,实现了对数据价值可用性和隐私性的权衡分析。

　　第 6 章为总结与展望,先对全书的研究工作做出了总结,再进一步展望了未来研究工作的方向和重点。

第2章

基于差分隐私的隐私增强型可追踪噪声指纹方法研究

2.1 引言

近年来,网络中的数据持续不断地从各方汇聚和漫游,这使得很多第三方研究机构或企业能够从海量数据中充分地挖掘出很多富有价值的信息。这些信息是机构或企业向用户提供个性化服务定制、推荐等便捷功能的基础。然而,用户在享受海量数据带来的便利的同时,也随时面临着严重的隐私威胁。因此,研究人员提出了各类安全技术用于保护数据全生命阶段的隐私信息。其中,如何在保护隐私信息的基础上保证统计分析结果的准确性是其中一个具有挑战性的问题。这里用名词"安全分析"来描述实现聚合数据集的高精确度和强隐私性分析结果的安全策略。

DP 是一种在聚合数据发布或分析阶段能够实现安全分析的有效解决方案。然而,在实际的数据交互、分析等各生命阶段,仅关注安全数据分析特性是远远不够的,授权用户在接收或解密数据后可能会非法传播或重放包含隐私信息的解密数据。例如,医院或学校的管理者可能会非法公布在读学生或在职员工的个人信息或薪资收入等。因此,关注叛徒用户的定位和追踪也应为保证数据安全的必要环节,且在数据审计等方面也发挥着关键的作用。

然而,传统的追踪技术,如数据溯源、数字水印、叛徒追踪技术,未考虑对追踪目标的隐私保护。因此,一些研究试图将对数据的追踪功能和对数据的安全分析统一起来,这里用名词"隐私增强型的可追踪性"来表述能够同时实现对数据的追踪和安全分析功能的安全策略。

数字指纹技术是一种有效解决叛徒追踪、版权保护和篡改检测等问题的水印技术。在解决数值型数据的隐私增强型的可追踪性问题时,被更多的研究人员选用作为实现追踪功能的技术。这些方案的核心思想是将数字指纹重新嵌入一个已经清理过的数据库。如 Gambs 等[27]对实施了数据净化的数据库中嵌入指纹,以确保隐私和非法重新分配。该方案可防止个人信息泄露,限制隐私风险。Kieseberg 等[28]扩展了一种基于 k-匿名的方法,旨在解决微数据匿名化和指纹识别问题。

然而,这些研究都没有真正将对数据的隐私保护和追踪功能融合起来。它们是在嵌入数字指纹前对数据进行了消毒。消毒机制实现了隐私保护功能,指纹技术实现了数据追踪,隐私保护和追踪功能还是分先后逐步实现的。而我们期望在数字指纹嵌入的同时实现对数据的隐私保护,一步化实现数据追踪和安全分析功能。

为了实现隐私增强型的可追踪性这一功能,本章将 DP 作为对聚合数据集的隐私保护和追踪功能融合统一的关键技术,使得添加到聚合数据集中的噪声能构建出包含授权用户身份信息的数字指纹信息。换句话说,将差分隐私和数字指纹技术相结合,并以数值型聚合数据集为对象实现隐私增强型的可追踪性这一功能。

为此,本章提出了一个详细的基于差分隐私的隐私增强型可追踪噪声指纹方案(Privacy-enhanced Traceable Noise Fingerprint Scheme Based on Differential Privacy,PTNF-DP),该方案利用差分隐私高斯机制为不同计算节点生成特殊的噪声集合,称为噪声指纹。该噪声指纹集是由不同计算节点的指纹信息计算得来的,不仅能满足对数据集隐私保护的需求,而且隐含了不同计算节点的标识性信息。最终,由 PTNF-DP 方案针对不同计算节点生成了唯一的嵌入了噪声指纹的聚合数据集,即加噪聚合指纹数据集(Noised Aggregated FingerPrint Data,NAFPD),该数据集只能在对应的计算节点上进行具体的运算或应用。经实验和仿真验证,PTNF-DP 方案不仅平衡了聚合数据集的隐私性和准确性,还保证了对非法散播数据的叛徒用户的可追踪性。

本章内容安排如下:2.2 节说明了 PTNF-DP 方案对应的系统模型、攻击模型、拟解决的关键问题、理论依据及关键技术;2.3 节详细介绍了 PTNF-DP 方案噪声指纹生成、嵌入及还原的相关算法;2.4 节利用真实数据仿真验证所提出的方案;2.5 节和 2.6 节基于仿真实验结果,从加噪聚合数据集和噪声指纹两个不同的角度分析了该方案的可用性和安全性;2.7 节对本章进行了小结。

2.2 方案背景及问题描述

2.2.1 系统模型

将 PTNF-DP 方案放置在适当的运行环境中能够更好地阐明方案的可行性。该方案适用于数据交互多样频繁、高灵活性、高扩展性、多计算节点的云环境中,仅考虑其中最通用的数据交互模式。某一部门或组织可通过在大量计算节点之间交互聚合数据集来完成特定的任务,这些数据经过滤、清洗等操作后,可用于实现业务处理、统计和趋势分析的任务。为了实现上述功能,聚合数据集从一个计算节点流转到另一个计算节点实现数据交互任务。PTNF-DP 方案就是以上述基本运行模式为背景,且具体的系统模型如图 2.1 所示。

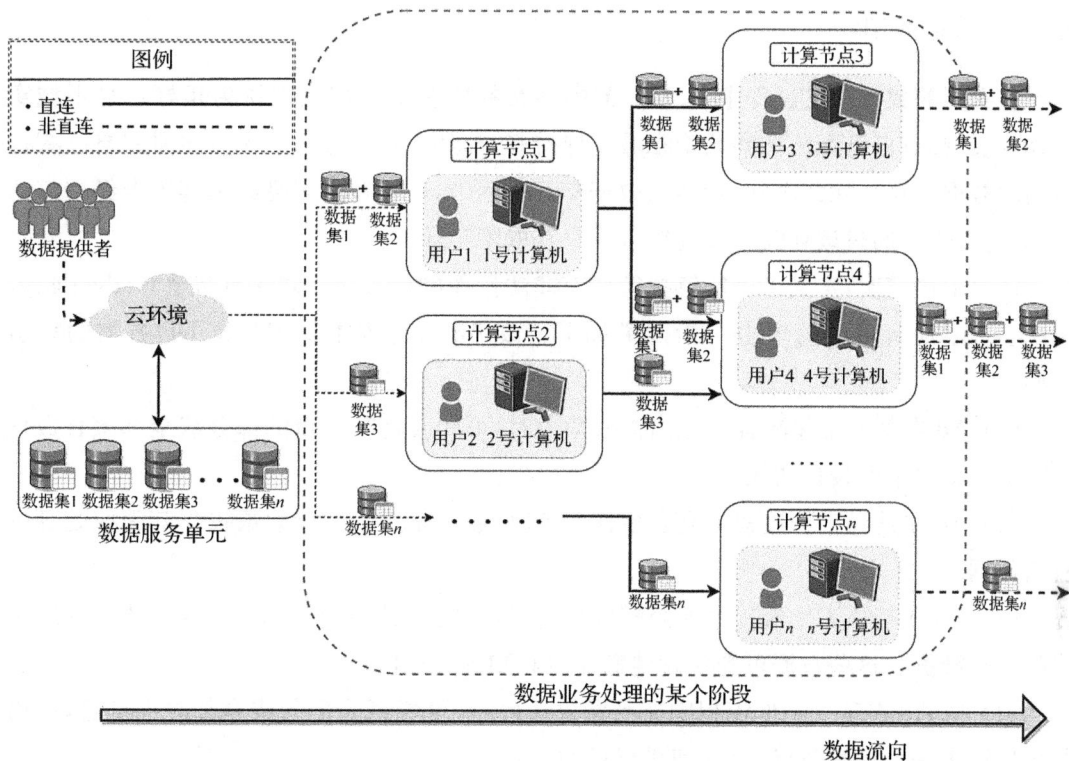

图 2.1　PTNF-DP 方案执行环境

图 2.1 描述了云环境下数据处理及流转的模式,其中重点关注聚合数据与计算节点间的交互过程,忽略了与本书无关的防火墙、访问控制等安全设备或相关安全操作。

图 2.1 中所描述的数据处理及流转模型可作为本书系统模型的实例化结构,且包含三类实体,每个实体的具体定义及功能说明如下,其中,图中实线表示计算节点为直连,虚线表示非直连。

(1) 数据提供者(Data Providers, DPs)。系统中主动或被动地提供个人数据的实体用户。例如,用户主动填写健康问卷而生成的体重记录,或智能设备感知到的心率记录。

(2) 数据服务单元(Data Service Units, DSUs)。由云计算设备组成,从 DPs 处收集和汇聚各类数据,并提供基础的数据存储、清洗、计算等服务。

(3) 计算节点(Compute Nodes,CNs)。通过执行不同的操作完成工作流中部分工作的智能计算设备,如普通台式机、工作站、服务器等。具体的,消息分发的工作流实例中就包含消息生成、审核、发布和接收等相关计算节点。

特别说明,因本方案重点关注对数据的隐私保护,故本系统模型假设聚合数据集在云中交互和传输过程中已实现了基本的加密或匿名处理,且聚合数据集到达某一计算节点后,用户可通过自身角色权限执行解密操作来获得可用数据。

2.2.2 攻击模型

在实际的数据交互过程中,2.2.1节中涉及的所有实体都应被认为是好奇且不诚实的,即他们都对自己无法访问的隐私数据保持好奇态度,且会有意或无意地泄露自己有权访问的数据内容。除此之外,现实的数据交互过程中,还存在许多诸如黑客等未经授权的实体,他们也会通过破坏安全设备等方式来获取隐私数据。

针对上述情况,定义一个能够执行所有非法操作的代表——攻击代表者(Adversary,Ad),且Ad所有可能的攻击行为列举如下。该Ad可充当本章PTNF-DP方案的攻击模型。

(1)Ad在某一工作流程中充当授权角色时,可能会将其获得的部分或全部聚合数据泄露给公众或未经授权的用户。

(2)Ad在某一工作流程中充当授权角色时,通过非法手段读取或操作其无权处理的机密数据。

(3)Ad在某一工作流程中充当授权角色时,可能与其他角色的Ad′共谋非法获取更多的聚合数据。这些数据可能包含他们无权获知的隐私信息。

(4)当Ad在某一工作流程中充当授权角色时,可能篡改部分或全部数据信息,并将其传递给下一个计算节点,以达到恶意目的。

(5)Ad在充当某一工作流程中的非授权用户时,可能非法获取传输链路中的部分或全部数据。

(6)Ad可将其获得的匿名数据集链接到公共数据库从而推断出大部分原始数据,而这些原始数据可能包含DPs的身份、健康、薪资情况等隐私信息。

简而言之,Ad期望通过各种非法手段尽可能多地获得未经授权的聚合数据。而本章所提出的PTNF-DP方案期望消除或最小化上述攻击威胁。

2.2.3 拟解决的关键问题

依据上述实际运行环境以及攻击模型,本章以大规模数据处理业务工作流执行环境为实际应用背景,针对流转于工作流中的不同计算节点的大规模数值型聚合数据集,同步实现对数据集的隐私保护、高精确度的统计结果以及对非法传播的叛徒节点的追踪功能。因此,本章拟解决的关键问题总结如下:

(1)本章提出的方法应能实现隐私保护技术和数据追踪功能技术的有机结合,即差分隐私技术和数字指纹技术的有机结合,实现对大规模数据集的隐私保护、高精确度的统计结果以及对非法传播的叛徒节点的追踪功能。

(2)本章提出的方法能实现对数据集的安全分析功能,即每个计算节点处理的数据集均为经过隐私保护处理的,使用者无法从数据集中获取到数据提供者的隐私信息,同时数据集的统计结果确能够保证较高的精确度。

（3）本章提出的方法能实现隐私增强的可追踪性，即每个计算节点所处理的数据集在保证上述安全分析功能的基础上，还可同步实现对计算节点标识性信息的嵌入功能，实现对非法传播数据集叛徒用户的锁定。

（4）本章提出的方法可为每个计算节点提供完整、快捷的数字指纹生成、嵌入、检测、验证和还原流程，保证工作流执行的高效性和数据集的高可用性。

2.2.4　理论依据及关键技术

依据上述运行环境、攻击模型及拟解决的关键问题，本章所提出的方法应着重实现差分隐私和数字指纹两种技术的有机结合，且这种结合不应是两种技术在时间维度的简单叠加，而应是关联两种技术的核心参数，同步实现对数据集的隐私增强可追踪性。

其中，差分隐私技术是现如今实现数据隐私保护的一种有效方法，由于其统计结果对特定的个人记录不敏感，是已知抵抗最大背景知识攻击的最有效技术。它通过严格的定义来量化隐私保护的程度，因此，使得不同差分隐私参数处理后的统计结果的隐私保护程度具有可比性。由此可知，差分隐私参数 ε 是实现数据集隐私保护的关键，同时其也是本章方法实现两种技术有机结合的关键。

数字指纹技术是将不同的用户身份信息嵌入同一数字媒体的不同副本中，这些嵌入指纹的数字媒体被分发给相关的用户。由于嵌入在同一种数字媒体中的指纹对于不同的用户来说是不同的，因此可通过获取其中嵌入的指纹信息来识别非法来源。由此可知，数字指纹技术的关键是向载体数据中嵌入信息，且不影响原载体数据的质量。

当数字指纹技术的数字载体为聚合数据集时，上述两种技术均为向载体嵌入定量数据且嵌入的数据不影响原始数据集的质量。故两种技术融合的关键点在于嵌入聚合数据集的定量数据充当了双重角色，它既是保证数据集隐私性的噪声集，也是标识性信息的编码数据。故本方法实现的关键点在于嵌入载体数据集的定量数据的计算。

参照差分隐私关键参数 ε 的特点及数字指纹中指纹的编码方式，本章尝试将参数 ε 与标识性信息相关联，同步实现对聚合数据集的隐私保护和指纹嵌入功能。本章以上述对关键技术理论依据的剖析，设计并实现基于差分隐私的隐私增强型可追踪噪声指纹方案。

2.3　基于差分隐私的隐私增强型可追踪噪声指纹方案

2.3.1　方案概述

传统的数字指纹方案是将一组可识别的具备个体特征的二进制编码嵌入载体数据对

象中。这种数据追踪方式除了可利用载体数据识别数据拥有者以外没有其他的功能。此外,在数据载体中嵌入与内容无关的指纹编码信息还会削弱载体数据的准确性、可用性等性能。

本章所提出的 PTNF-DP 方案以数字指纹基本实现原理为基础,结合特定的 DP 机制,设计不仅能用于识别个体特征、还能保护载体数据对象中隐私信息的数字指纹。该方案旨在用更少的嵌入数据完成更多的功能。

PTNF-DP 方案的基本思想是将差分隐私高斯机制中的有效参数和个体标识性特征编码关联在一起,将精心设计而成的噪声集嵌入数值型载体聚合数据集中。该噪声集不仅能够保证载体聚合数据集的隐私性,同时能够充当隐藏在载体数据中的指纹信息。针对本章中 2.2.1 节的模型设计,指纹信息中应包含数据使用者和其对应计算节点的标识性信息。为方便后续表述,将该具备数字指纹特征的差分隐私噪声集称之为噪声指纹。

图 2.2 为 PTNF-DP 方案执行基本流程的示意图。从图中可以看出,每个计算节点都对应一个唯一的噪声指纹。该噪声指纹是利用差分隐私机制,并根据当前计算节点的可识别信息定制而成的。将噪声指纹嵌入原始聚合数据集后,继而生成当前工作流中该计算节点所独有且唯一的 NAFPD。工作流中的所有计算节点根据各自的 NAFPD 执行数据处理任务。

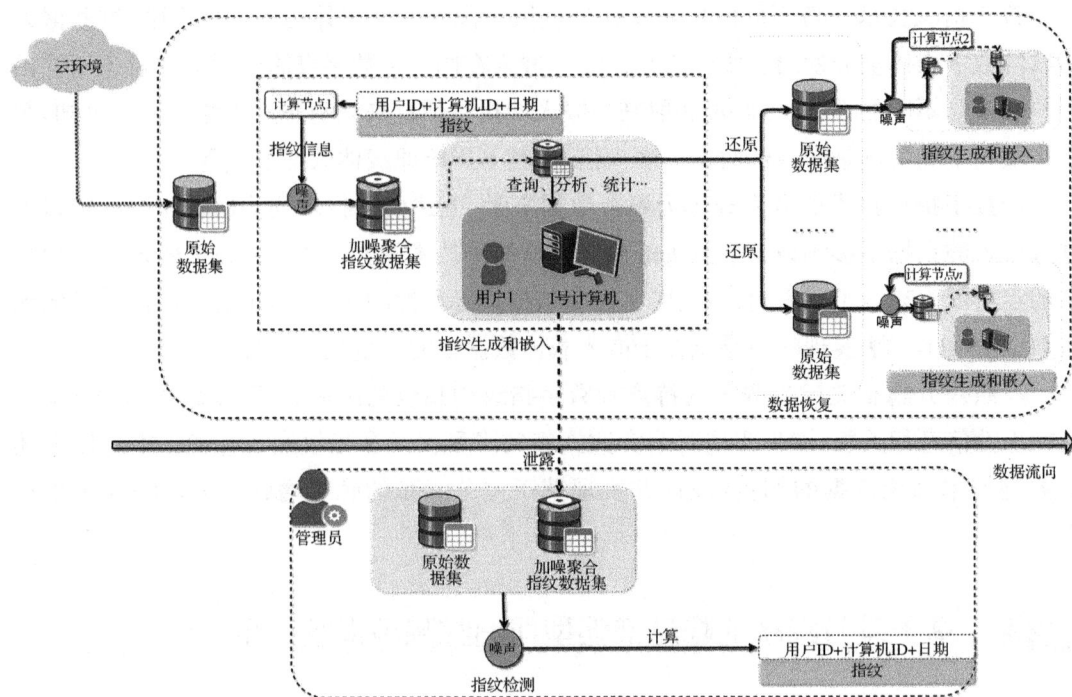

图 2.2　PTNF-DP 方案执行基本流程

当 Ad 非法传播某一 NAFPD 时,可依据该 NAFPD 中的指纹信息定位到泄漏数据的计算节点和相关用户。此外,为保证数据的准确性,NAFPD 在传递到下一个计算节点之前会恢复成未添加噪声集的初始数据集。

完整的 PTNF-DP 方案包含噪声指纹的生成与嵌入、噪声指纹的检测与验证以及数据还原三个阶段。不同的计算节点具有不同的标识性信息,可以是用户 ID 或计算节点的 MAC(Media Access Control,媒体存取控制)地址。依据标识性信息可编码成不同的噪声指纹。通过向原始聚合数据集嵌入不同计算节点所对应的噪声指纹生成不同的聚合数据集副本,即为 NAFPD。这些 NAFPD 在整个数据交互周期中是独一无二的。所以,当发生数据泄露事件时,可通过检测非法传播的 NAFPD 中的噪声指纹来识别叛逆者。需要说明的是,本方案不考虑数据传输过程中的安全措施,即默认数据传输链路是完全可靠的。

2.3.2　符号说明

为了方便相关算法的阐明和执行,所有的数据统一采用矩阵形式表述。由于矩阵在数据结构上与结构化数据表是相似的,因此可在不影响运算结果的情况下实现相互转换。

表 2.1 总结了将在后续算法和仿真实验中使用的相关符号。使用大写或带下标的小写字母表示矩阵。例如,S 或 (s_{ij}) 表示标识性信息的矩阵形式。用带水平箭头的小写字母代表向量,小写字母代表变量,矩阵中某一标量用下标带逗号分隔符的小写字母表示,如 $s_{1,1}$ 为 S 的第 1 行第 1 列的标量。

表 2.1　PTNF-DP 方案关键参数和符号说明

符号	描述	使用阶段
D	原始数据集的矩阵形式	噪声指纹嵌入、检测
r	D 的大小	噪声指纹生成
s	计算节点标识性信息字符串形式	噪声指纹生成、数据还原
S 或 (s_{ij})	s 的二进制矩阵形式	噪声指纹生成、数据还原
S^{MD5}	S 经 MD5 加密后二进制矩阵形式	噪声指纹生成、数据还原
S^* 或 (s_{ij}^*)	S 和 S^{MD5} 的合并矩阵	噪声指纹生成、数据还原
sl	S^* 的大小	噪声指纹生成、数据还原
κ_1	置换加密算法的置换密钥(单词形式)	噪声指纹生成、数据还原
κ_2	二次剩余算法的密钥(数值形式)	噪声指纹嵌入、数据还原
$\vec{\kappa}$	κ_1 和 κ_2 的密钥向量形式	噪声指纹生成、数据还原
R	由 κ_1 生成的置换矩阵	噪声指纹生成、数据还原

符号	描述	使用阶段
$\boldsymbol{Q}$ 或 (q_{ij})	由 κ_2 生成的二次剩余矩阵	噪声指纹嵌入、数据还原
ql	$\boldsymbol{Q}$ 的大小	噪声指纹嵌入、数据还原
$e_\kappa(Z_{26})$	置换加密算法	噪声指纹生成、数据还原
$\boldsymbol{P}$ 或 (p_{ij})	由 $\boldsymbol{S}^*$ 中非零值生成的矩阵	噪声指纹嵌入
pl	$\boldsymbol{P}$ 的大小	噪声指纹嵌入
$\boldsymbol{P}^{\mathrm{N}}$ 或 p_{ij}^{N}	噪声指纹矩阵	噪声指纹嵌入、检测
l	$\boldsymbol{P}^{\mathrm{N}}$ 的大小	噪声指纹嵌入、检测
σ	高斯分布的方差	噪声指纹嵌入、检测
$N(0, \sigma^2)$	由高斯机制生成随机噪声算法	噪声指纹生成、嵌入
fitGauss$(\cdot)$	高斯拟合函数	噪声指纹检测、数据还原
$\boldsymbol{D}^{(\boldsymbol{S}^* \odot \vec{\kappa})}$	NAFPD 的矩阵形式	噪声指纹嵌入、数据还原
D^*	非法传播数据集	噪声指纹检测

2.3.3 噪声指纹的生成与嵌入

噪声指纹的生成可分为五个步骤:生成组合矩阵、置换矩阵、生成位置矩阵、调整尺度参数和生成噪声指纹矩阵。首先,计算节点的标识性字符串 s 转换成对应的二进制矩阵形式 $\boldsymbol{S}$。 其次,利用 MD5 加密算法生成 $\boldsymbol{S}$ 的 128 位散列矩阵 $\boldsymbol{S}^{\mathrm{MD5}}$。 位置矩阵 $\boldsymbol{P}$ 是由 $\boldsymbol{S}$ 和 $\boldsymbol{S}^{\mathrm{MD5}}$ 的合并矩阵 $\boldsymbol{S}^*$ 经置换加密算法后生成的。矩阵 $\boldsymbol{P}$ 中每个标量充当高斯机制中的方差 σ,利用差分隐私高斯机制 $N(0, \sigma^2)$ 计算生成噪声指纹矩阵 $\boldsymbol{P}^{\mathrm{N}}$。 由此可以得出, $\boldsymbol{P}^{\mathrm{N}}$ 中每行数据均拟合均值为 0,方差为 $\boldsymbol{P}$ 中的某一标量的高斯分布。

数字指纹的嵌入可分为两个步骤:确定嵌入索引位置和循环嵌入噪声。向 $\boldsymbol{D}$ 嵌入噪声指纹的次数由二次剩余矩阵 $\boldsymbol{Q}$ 的项数 ql 决定,嵌入噪声指纹的位置由 $\boldsymbol{Q}$ 中标量确定。最终,噪声指纹矩阵依次嵌入原始矩阵 $\boldsymbol{D}$ 中得到加噪聚合指纹数据矩阵 $\boldsymbol{D}^{(\boldsymbol{S}^* \odot \vec{\kappa})}$。

噪声指纹生成和嵌入算法的概要公式如下:

$$\boldsymbol{D}^{(\boldsymbol{S}^* \odot \vec{\kappa})} = \mathrm{GI}(\boldsymbol{D}, s, \vec{\kappa}) \tag{2.1}$$

接下来,详细阐述每个步骤的具体实现内容。

步骤 1(生成数字指纹组合矩阵): 首先将计算节点的标识性字符串 s 转换为其二进制矩阵形式 $\boldsymbol{S}$,然后使用 MD5 算法得到 $\boldsymbol{S}$ 的 128 位哈希消息摘要矩阵 $\boldsymbol{S}^{\mathrm{MD5}}$,最后将 $\boldsymbol{S}$ 和 $\boldsymbol{S}^{\mathrm{MD5}}$ 统一拼接成一个组合矩阵 $\boldsymbol{S}^*$。 该步骤的伪代码详见算法 2.1。

算法 2.1　生成数字指纹组合矩阵算法 PTNF-DP-GI-S1

输入：计算节点的标识性信息 s

输出：标识性信息组合矩阵 S^*

1：　初始化：矩阵 $S^* := []$；变量 $k = 0$；

2：　参照 ASCII 码表，将字符串 s 转换成其 10 进制数值形式，即 $s \rightarrow (S)_{10}$；

3：　将十进制转换成二进制数值形式，并存储在 $1 \times n$ 矩阵中，其中 k 为 s 的二进制字符数量，即 $(S)_{10} \rightarrow (S)_2$，且有 $S \Leftrightarrow s_{1k}$；

4：　利用 MD5 算法生成 S 的 128 位哈希摘要矩阵 S^{MD5}，矩阵大小为 1×128，即 $S^{MD5} = MD5(S)$；

5：　列合并两个矩阵 S 和 S^{MD5}，得到一个大小为 $1 \times (128 + k) = 1 \times sl$ 的矩阵 S^*；

6：　**return** S^*

　　步骤 2(置换数字指纹组合矩阵)：在单词密码本中随机选取一个单词作为置换加密算法的密钥 κ_1，然后根据 κ_1 中每个字母在字母表中的序列计算置换矩阵 R。例如，密钥"down"的置换矩阵为 $R = [1, 3, 4, 2]$。利用矩阵 R，S^* 被置换为新的 S^*。该步骤的伪代码详见算法 2.2。

算法 2.2　矩阵置换算法 PTNF-DP-GI-S2

输入：置换加密算法的密钥 κ_1，S^*

输出：置换加密后的标识性信息组合矩阵 S^*

1：　初始化：矩阵 $R, A := []$；变量 $i = 1, keynum = 0$；

2：　读取 κ_1 密钥单词的字母数目，并赋值给 $keynum$；

3：　**for** $i \leqslant keynum$ **do**

4：　　　依次读取并遍历 κ_1 每个字母，并依次放入矩阵 A 中第 1 行；

5：　**end for**

6：　将 A 中标量按照在字母表中的顺序重排，并和矩阵 $[1 \quad 2 \quad \cdots \quad keynum]$ 按行组合成一个两行的矩阵，放入 A；

7：　矩阵 A 按照 κ_1 正确的单词顺序按列置换；

8：　读取重排后的 A 的第 2 行，放入置换矩阵 R 中，且矩阵 R 的大小为 1 行 $keynum$ 列；

9：　将矩阵 S^* 划分为以 $keynum$ 位为一组共 g 组的二进制字符组合，且 $g = sl/keynum$；

10：　将每一组二进制字符串依据置换矩阵 R 进行位置置换；

11：　将所有置换后的二进制字符串矩阵按列组合，生成新的矩阵 S^*；

12：　**return** 置换加密后的标识性信息组合矩阵 S^*

步骤 3(生成位置矩阵):将 S^* 重排为一个两行矩阵,将其中每一列的非零行数依次写入位置矩阵 P,并且规定:若 $s_j^* = [0, 0]'$,则 $p_{i,j} = 0$;若 $s_j^* = [1, 1]'$,则 $p_{i,j} = 3$。所以 P 有从 $0 \sim 3$ 这 4 种可能的标量值。

步骤 4(调整尺度参数):根据定义 7 和定理 3,高斯机制中方差的值应与原始数据集相关。依据公式 $c^2 > 2\ln(1.25/\delta)$ 和 $\sigma \geqslant c\Delta_2 f/\varepsilon$,以及原始数据集的敏感度 $\Delta_2 f$、差分隐私参数 ε, δ 的具体数值对 P 中所有标量的值进行调整,最终使得 P 中所有标量的值大于依据定理计算出来的 σ 的最小值。即 $p_{1,i}$ 应该被调整以满足 (ε, δ)-差分隐私的最低要求。例如,敏感度 $\Delta_2 f$ 的值为 1,$\varepsilon = 1$ 且 $\delta = 10^{-4}$,高斯机制的标准差必须满足 $\sigma \geqslant 4$。

步骤 3 和步骤 4 的伪代码详见算法 2.3。

算法 2.3　生成差分隐私高斯机制参数算法 PTNF-DP-GI-S3

输入:标识性信息矩阵 S^*,差分隐私参数 ε, δ,原始数据集 D

输出:位置矩阵 P

1：　初始化:矩阵 $P := []$;变量 $i = 1$;

2：　将矩阵 S^* 转换成两行的矩阵形式,即 $S^* = (s_{1n}^*) \to (s_{2m}^*)$,$n = sl$ 且 $m = n/2$;

3：　计算原始数据集 D 的敏感度 $\Delta_2 f$;

4：　依据定理 3 中公式 $c^2 > 2\ln(1.25/\delta)$ 计算 c 值的最小值;

5：　依据定理 3 中公式 $\sigma \geqslant c\Delta_2 f/\varepsilon$ 计算高斯机制中关键参数 σ 的最小值;

6：　**for** $i \leqslant m$ **do**

7：　　**if** $s_{1,2,i}^* = [0, 0]'$ **then**

8：　　　$p_{1,i} = 0$;

9：　　**else if** $s_{1,2,i}^* = [1, 0]'$ **then**

10：　　　$p_{1,i} = 1$;

11：　　**else if** $s_{1,2,i}^* = [0, 1]'$ **then**

12：　　　$p_{1,i} = 2$;

13：　　**else if** $s_{1,2,i}^* = [1, 1]'$ **then**

14：　　　$p_{1,i} = 3$;

15：　　**end if**

16：**end for**

17：统一调整矩阵 P 中所有标量值,使其中的最小值大于或等于参数 σ 的最小值;

18：**return** 位置矩阵 P

步骤 5(生成噪声指纹矩阵):调整后的 P 中每个标量分别充当高斯机制中的方差。依据高斯机制可生成 m 簇定量的随机高斯机制噪声集合,其中 m 为矩阵 P 的大小。每一

簇噪声的大小由 D、S^* 和 Q 的大小共同决定,即每一簇噪声量的大小 $k=(r/sl)/ql$。 最后,将 m 簇数据聚合,拼接成大小为 $m\times k$ 的矩阵 P^N。 该步骤的伪代码详见算法 2.4。

算法 2.4　噪声指纹矩阵生成算法 PTNF-DP-GI-S4

输入：位置矩阵 P,原始数据集 D 的大小 r,矩阵 S^* 的大小 sl,二次剩余矩阵 Q 的大小 ql

输出：噪声指纹矩阵 P^N

1：　初始化:矩阵 $P^N:=[]$;变量 i, $m=1$;
2：　将位置矩阵 P 的大小放入变量 m 中;
3：　**for** $i\leqslant m$ **do**
4：　　获取矩阵 P 中的第 i 列数值 $p_{1,i}$;
5：　　利用高斯机制 $N(0, p_{1,i}^2)$ 生成大小为 $1\times k$ 的随机噪声矩阵行,且 $k=(r/sl)/ql$;
6：　　将 $1\times k$ 的随机噪声矩阵行放置于矩阵 P^N 的第 i 行;
7：　**end for**
8：　**return** 噪声指纹矩阵 P^N

步骤 6(确定嵌入索引位置):随机选择一个素数作为密钥 κ_2。 根据公式(2.2),可计算 κ_2 的所有二次剩余(Quadratic Residual,QR)项。

$$\left(\frac{n}{p}\right)=n^{\frac{p-1}{2}}=\begin{cases} 1, & n \text{ 是模 } p \text{ 的二次剩余项} \\ -1, & n \text{ 不是模 } p \text{ 的二次剩余项} \end{cases} \tag{2.2}$$

将 κ_2 所有二次剩余项放入矩阵 Q 中。Q 有两方面作用,一方面,其大小决定了噪声矩阵 P^N 循环嵌入 D 中的次数;另一方面,Q 中每个标量决定了 P^N 每次嵌入的位置。例如,Q 有 3 个数字,则 P^N 循环嵌入的次数是 $times=3\times i$,并且 i 为正整数。$q_{1,2}=3$ 表示此次噪声指纹矩阵开始嵌入位置是从当前未嵌入过噪声的位置的后 3 位开始。

步骤 7(循环嵌入噪声):将噪声指纹矩阵 P^N 依次嵌入原始数据矩阵 D,最终生成矩阵 $D^{(S^*\odot\vec{\kappa})}$,将其转换成数据集的形式即为所求的 NAFPD。步骤 6 和步骤 7 的伪代码详见算法 2.5。

算法 2.5　嵌入噪声指纹算法 PTNF-DP-GI-S5

输入：噪声指纹矩阵 P^N,原始数据集矩阵 D,密钥 κ_2

输出：加噪聚合指纹数据矩阵 $D^{(S^*\odot\vec{\kappa})}$

1：　初始化:矩阵 $D^{(S^*\odot\vec{\kappa})}$,$Q:=[]$;变量 i, $ql=1$;
2：　依据公式(2.2)计算 κ_2 的二次剩余矩阵 Q,将 Q 的大小放入变量 ql 中;
3：　**for** $i\leqslant ql$ **do**

4： 提取矩阵 $\mathbf{Q}$ 的第 i 个标量,放入变量 jg 中;

5： 将 $\mathbf{D}$ 中未加噪声的后续 jg 个数据,放入 $\mathbf{D}^{(S^* \odot \vec{\kappa})}$ 中;

6： 将矩阵 $\mathbf{P}^N$ 以加性噪声的形式嵌入原始数据集矩阵 $\mathbf{D}$ 的后续 k 列中;

7： **end for**

8： **Return** 加噪聚合指纹数据矩阵 $\mathbf{D}^{(S^* \odot \vec{\kappa})}$

综上,噪声指纹的生成与嵌入全流程伪代码详见算法 2.6。

算法 2.6　噪声指纹的生成与嵌入算法 PTNF-DP-GI

输入: D, s, 随机单词密钥 κ_1 和随机质数密钥 κ_2

输出: $\mathbf{D}^{(S^* \odot \vec{\kappa})}$

1： 初始化:矩阵 $\mathbf{S}^*$, $\mathbf{P}$, $\mathbf{R}$, $\mathbf{Q}$, $\mathbf{P}^N := [\,]$;变量 i, j 为循环变量, $i, j = 1$;

2： 参照 ASCII 码表,将字符串 s 转换成十进制数值形式,即 $s \to (\mathbf{S})_{10}$;

3： $(\mathbf{S})_{10} \to (\mathbf{S})_2$;

4： $\mathbf{S}^{MD5} = MD5(\mathbf{S})$;

5： $\mathbf{S}^* = [(\mathbf{S})_2 \quad \mathbf{S}^{MD5}]$;

6： $\mathbf{R} = e_{\kappa_1}(Z_{26})$

7： 利用 $\mathbf{R}$ 置换矩阵 $\mathbf{S}^*$;

8： 重排 $\mathbf{S}^* = (s^*_{1n}) \to (s^*_{2m})$, $n = sl$ 且 $m = n/2$;

9： **for** $i \leqslant m$ **do**

10： 　**if** $s^*_{1,2,i} = [0, 0]'$ **then**

11： 　　$p_{1,i} = 0$;

12： 　**else if** $s^*_{1,2,i} = [1, 0]'$ **then**

13： 　　$p_{1,i} = 1$;

14： 　**else if** $s^*_{1,2,i} = [0, 1]'$ **then**

15： 　　$p_{1,i} = 2$;

16： 　**else if** $s^*_{1,2,i} = [1, 1]'$ **then**

17： 　　$p_{1,i} = 3$;

18： 　**end if**

19： **end for**

20： 计算原始数据集 D 的敏感度 $\Delta_2 f$;

21： 依据定理 3 中公式 $c^2 > 2\ln(1.25/\delta)$ 计算 c 值的最小值;

22：依据定理 3 中公式 $\sigma \geqslant c \Delta_2 f / \varepsilon$ 计算高斯机制中关键参数 σ 的最小值；

23：依据 σ 的最小值调整矩阵 $\boldsymbol{P}$ 中的每个标量 $p_{1,i}$；

24：计算 $k = r / sl / ql$；

25：**for** $i \leqslant m$ **do**

26：　　$\boldsymbol{P}^{\mathrm{N}}_{i,1,k} = N(0, p_{1,i}^2)$；

27：**end for**

28：生成大小为 $m \times k$ 的矩阵 $\boldsymbol{P}^{\mathrm{N}}$；

29：依据公式(2.2)计算 κ_2 的二次剩余矩阵 $\boldsymbol{Q}$；

30：**for** $i \leqslant ql$ **do**

31：　　$\boldsymbol{D}^{(s^* \odot \bar{\kappa})}_{i,1:q_{1,i}} = \boldsymbol{D}_{1:q_{1,i}}$；

32：　　$\boldsymbol{D}^{(s^* \odot \bar{\kappa})}_{i,(q_{1,i}+1):(l+q_{1,i}+1)} = \boldsymbol{D}_{(q_{1,i}+1):(l+q_{1,i}+1)} + \boldsymbol{P}^{\mathrm{N}}$；

33：**end for**

34：**return** $\boldsymbol{D}^{(s^* \odot \bar{\kappa})}$

2.3.4　噪声指纹的检测与验证

当在网络中捕获到非法传播的某一数据集 D^* 时，可通过特定的算法提取、检测并计算出其中的指纹信息，以实现对泄露数据的相关计算节点甚至相关用户的确定。本方案采用非盲方式实现指纹的检测和验证，即数字指纹的检测需要原始数据集作为参照参数。

为更加严谨地实现噪声指纹的检测以确定叛徒，PTNF-DP 方案包含噪声指纹的检测与验证两大部分的内容。其中，噪声指纹检测可划分为 5 个步骤，分别为提取噪声指纹、拟合计算位置矩阵、计算组合矩阵、计算置换矩阵和计算标识性信息。首先依据密钥 κ_2 计算其二次剩余矩阵 $\boldsymbol{Q}$，$\boldsymbol{Q}$ 决定了矩阵 $\boldsymbol{P}^{\mathrm{N}}$ 的嵌入位置和次数。其次，将 $\boldsymbol{P}^{\mathrm{N}}$ 按行拟合为均值为 0，方差各不相同的高斯分布 $N(0, \sigma_i)$。这些方差可组成位置矩阵 $\boldsymbol{P}$。根据变换规则由 $\boldsymbol{P}$ 可生成组合矩阵 $\boldsymbol{S}^*$。最后置换 $\boldsymbol{S}^*$ 得到一个包含 $\boldsymbol{S}$ 和 $\boldsymbol{S}^{\mathrm{MD5}}$ 的矩阵 $\boldsymbol{S}^*$，矩阵 $\boldsymbol{S}$ 即为所求。

指纹指纹验证包含 3 个步骤：第一，提取哈希消息摘要 md_1，计算哈希消息摘要 md_2 和比较哈希消息摘要。$\boldsymbol{S}^*$ 包含原本的 128 位哈希消息摘要 md_1。第二，利用 MD5 算法计算 $\boldsymbol{D}^*$（矩阵形式）得到 s 所对应的 128 位哈希消息摘要 md_2。第三，对比 md_1 和 md_2 是否一致以确定 $\boldsymbol{D}^*$（矩阵形式）的完整性。

接下来，详细阐述每个步骤的具体实现方式，噪声指纹检测与验证算法的概要公式如下：

$$s = DV(\boldsymbol{D}^*, \boldsymbol{D}, \vec{\kappa}) \tag{2.3}$$

步骤1(提取噪声指纹)：通过计算 κ_2 的二次剩余矩阵 $\boldsymbol{Q}$ 得到噪声指纹提取的索引位置。而噪声指纹矩阵 $\boldsymbol{P}^N$ 是比较 $\boldsymbol{D}$ 和 $\boldsymbol{D}^*$ 的前 n 位数据得到，其中 $n = q_{1,1} + pl$，且 $q_{1,1}$ 是矩阵 $\boldsymbol{Q}$ 的第一个标量，pl 是 $\boldsymbol{P}^N$ 的大小。可循环上述操作得到最精确的 $\boldsymbol{P}^N$。该步骤的伪代码详见算法 2.7。

算法 2.7　噪声指纹矩阵提取算法 PTNF-DP-DV-S1

输入：噪声指纹矩阵 $\boldsymbol{P}^N$，原始数据集矩阵 $\boldsymbol{D}$，密钥 κ_2

输出：噪声指纹矩阵 $\boldsymbol{P}^N$

1：　初始化：矩阵 $\boldsymbol{P}^N$, $Q = []$，变量 i, ql, $m = 1$；

2：　依据公式(2.2)计算 κ_2 的二次剩余矩阵 $\boldsymbol{Q}$，将 $\boldsymbol{Q}$ 的大小放入变量 ql 中；

3：　将数据集 $\boldsymbol{D}^*$ 和 $\boldsymbol{D}$ 放入 1 行形式的矩阵 $\boldsymbol{D}^*$ 和 $\boldsymbol{D}$ 中；

4：　计算 $\boldsymbol{P}^N = \boldsymbol{D}^*_{q_{1,1},l} - \boldsymbol{D}_{q_{1,1},l}$，矩阵 $\boldsymbol{D}^*$ 和 $\boldsymbol{D}$ 的前 l 列即为所求；

5：　**Return** 噪声指纹矩阵 $\boldsymbol{P}^N$

步骤2(拟合计算位置矩阵)：利用高斯拟合算法 fitGauss($\bullet$) 将 $\boldsymbol{P}^N$ 按行拟合成零均值、不同方差的高斯分布。再将这些高斯分布的不同方差按列组合成位置矩阵 $\boldsymbol{P}$，该矩阵的大小为 $1 \times pl$。然后，依据 $\boldsymbol{D}$ 的数量级调整 $\boldsymbol{P}$ 中所有的标量值。该步骤的伪代码详见算法 2.8。

算法 2.8　拟合位置矩阵算法 PTNF-DP-DV-S2

输入：噪声指纹矩阵 $\boldsymbol{P}^N$，原始数据集矩阵 $\boldsymbol{D}$，密钥 κ_2

输出：加噪聚合指纹数据矩阵 $\boldsymbol{D}^{(s^* \odot \vec{\kappa})}$

1：　初始化：矩阵 $\boldsymbol{P} := []$，变量 i, $m = 1$；

2：　将噪声指纹矩阵 $\boldsymbol{P}^N$ 转换成 m 行 k 列的矩阵形式，其中 $k = (r/sl)/ql$, $m = l/k$；

3：　**for** $i \leqslant m$ **do**

4：　　提取矩阵 $\boldsymbol{P}^N$ 中第 i 行的所有数据；

5：　　利用高斯拟合算法 fitGauss($\bullet$) 将第 i 行数据拟合成均值为 0，方差为 $p_{1,i}$ 的高斯分布 $N(0, p_{1,i}^2)$；

6：　　将 $p_{1,i}$ 放入矩阵 $\boldsymbol{P}$ 的第 i 列；

7：　**end for**

8：　调整矩阵 $\boldsymbol{P}$ 中所有标量值，使得其标量数值的取值范围为 $p_{1,i} \in [0, 3]$；

9：　**return** 位置矩阵 $\boldsymbol{P}$

步骤3(计算组合矩阵)：用 $\boldsymbol{P}$ 中每个标量 $p_{1,i}$ 计算矩阵 $\boldsymbol{S}^*$ 中每一列 s_j^* 的内容。$p_{1,i}$

的值表示 S^* 中标量值为 1 的行数,例如, $p_{1,i}=2$ 代表矩阵 S^* 的第 i 列数据为 $[0,1]'$。

步骤 4(置换矩阵):利用密钥 κ_1 生成的置换矩阵 R,将步骤 3 生成的矩阵 S^* 重新排列,最终得到正确的标识性信息组合矩阵 S^*,该矩阵中包含标识性信息矩阵 S 及其 128 位的哈希消息摘要矩阵 S^{MD5}。

步骤 5(计算标识性信息):提取组合矩阵 S^* 中的前 n 列,其为叛徒用户的标识性信息的二进制矩阵形式,利用数据结果转换和进制转换等方式将其转换成字符串形式,即为所求的标识性字符串 s。

步骤 3、步骤 4 和步骤 5 的伪代码详见算法 2.9。

算法 2.9　标识性信息生成算法 PTNF-DP-DV-S3

输入:位置矩阵 P,密钥 κ_1

输出:标识性字符串 s

1: 初始化:矩阵 S^*, $R:=[\ ]$,变量 $i=1$;

2: **for** $i \leqslant pl$ **do**

3: 　读取位置矩阵 P 中的第 i 个标量 $p_{1,i}$;

4: 　**if** $p_{1,i}=0$ **then**

5: 　　$s^*_{1:2,i}=[0,0]'$;

6: 　**else if** $p_{1,i}=1$ **then**

7: 　　$s^*_{1:2,i}=[1,0]'$;

8: 　**else if** $p_{1,i}=2$ **then**

9: 　　$s^*_{1:2,i}=[0,1]'$;

10: 　**else if** $p_{1,i}=3$ **then**

11: 　　$s^*_{1:2,i}=[1,1]'$

12: 　**end if**

13: **end for**

14: 得到矩阵 S^*,其大小为 $2 \times pl$;

15: $S^*=(s^*_{2m}) \rightarrow (s^*_{1n})$,$n=sl$ 且 $m=n/2$;

16: 依据算法 2.2 中第 2—11 步,得到置换后正确的标识性信息组合矩阵 S^*;

17: $(S)_2=s^*_{1,1:(\mathrm{end}-128)} \rightarrow (S)_{10}$;

18: 将矩阵 $(S)_{10}$ 转换成字符串形式 s;

19: **return** s

步骤 6(提取哈希消息摘要 md_1):为了保证算法的严谨性和完备性,接下来需将嵌入在非法传播的数据集 D^* 中的 128 位哈希信息摘要提取出来,即将 S^* 中后 128 位提取出

来,为方便后续表示,将其标记为 md_1,它为原标识性信息的哈希消息摘要。

步骤 7(计算哈希消息摘要 md_2):将步骤 5 中矩阵 $\boldsymbol{S}^*$ 中前 sl 位进行进制转换等操作,可得到标识性信息的字符串形式 s,再次对其执行 MD5 算法,得到一个新的 128 位哈希消息摘要,并标记为 md_2。

步骤 8(比较哈希消息摘要):比较 md_1 和 md_2 来验证 D^* 是否被修改过,如果敌手 Ad 没有对 D^* 做任何修改,那么步骤 5 中得到的 md_1 应与步骤 6 中计算得到的 md_2 数值一致。步骤 6、步骤 7 和步骤 8 的伪代码详见算法 2.10。

算法 2.10　噪声指纹验证算法 PTNF-DP-DV-S4

输入:标识性字符串 s,矩阵 $\boldsymbol{S}^*$

输出:布尔型结果 b

1:　初始化:字符串 $md_1,md_2=$ ' ',布尔类型变量 $b=0$;

2:　提取 $\boldsymbol{S}^*$ 中的后 128 位字符,并将其转化为字符串形式,即 $\boldsymbol{S}^{\text{MD5}}=s_{1,(\text{end}-128):\text{end}}^* \rightarrow$ md_1;

3:　利用 MD5 对算法 2.9 生成的标识性字符串 s 进行哈希(Hash)操作,即 $md_2=$ MD5(s);

4:　**if** $md_1 == md_2$ **then**

5:　　$b=1$;

6:　　输出指纹相符;

7:　**else**

8:　　$b=0$;

9:　　输出指纹内容被修改过;

10:　**end if**

11:　**return** b

综上,噪声指纹的检测和验证算法全流程伪代码详见算法 2.11。

算法 2.11　噪声指纹的检测和验证算法 PTNF-DP-DV

输入:$\boldsymbol{D}^*$(矩阵形式),$\boldsymbol{D}$(矩阵形式)和 $\vec{\kappa}$

输出:s,布尔型结果 b

1:　初始化:字符串 $s=$ ' ';矩阵 $\boldsymbol{S}^*,\boldsymbol{P},\boldsymbol{R},\boldsymbol{Q},\boldsymbol{P}^{\text{N}}:=[\,]$;整型变量 $l=0$,i 为循环变量,且 $i=1$;布尔型变量 $b=0$;

2:　计算 κ_2 的二次剩余矩阵 $\boldsymbol{Q}$;

3:　$\boldsymbol{P}^{\text{N}}=\boldsymbol{D}_{q_{1,1,l}}^* - \boldsymbol{D}_{q_{1,1,l}}$;

4： 重排矩阵 $\boldsymbol{P}^{\mathrm{N}}=p_{l,1}^{\mathrm{N}}\rightarrow p_{l/pl,pl}^{\mathrm{N}}$；

5： **for** $i\leqslant pl$ **do**

6： $\quad(\mu,\sigma)=\mathrm{fitGauss}(p_{i,1,l/pl}^{\mathrm{N}})$；

7： $\quad$ 计算矩阵，将 σ 分别赋值给矩阵 $\boldsymbol{P}$ 中的标题 $p_{1,i}$；

8： $\quad$ 调整矩阵 $\boldsymbol{P}$ 所有标量的值；

9： $\quad$ **if** $p_{1,i}=0$ **then**

10： $\qquad s_{1;2,i}^{*}=[0,0]'$；

11： $\quad$ **else if** $p_{1,i}=1$ **then**

12： $\qquad s_{1;2,i}^{*}=[1,0]'$；

13： $\quad$ **else if** $p_{1,i}=2$ **then**

14： $\qquad s_{1;2,i}^{*}=[0,1]'$；

15： $\quad$ **else if** $p_{1,i}=3$ **then**

16： $\qquad s_{1;2,i}^{*}=[1,1]'$

17： $\quad$ **end if**

18： $\qquad$ 生成矩阵 $\boldsymbol{S}^{*}$；

19： **end for**

20： $\boldsymbol{S}^{*}=(s_{2m}^{*})\rightarrow(s_{1n}^{*})$，$n=sl$ 且 $m=n/2$；

21： $\boldsymbol{R}=\mathrm{e}_{\kappa_{1}}(Z_{26})$；

22： 依据 $\boldsymbol{R}$ 置换矩阵 $\boldsymbol{S}^{*}$；

23： $(\boldsymbol{S})_{2}=s_{1,1;(\mathrm{end}-128)}^{*}\rightarrow(\boldsymbol{S})_{10}$；

24： 将矩阵 $(\boldsymbol{S})_{10}$ 转换成字符串形式 s；

25： $\boldsymbol{S}^{\mathrm{MD5}}=s_{1,(\mathrm{end}-128);\mathrm{end}}^{*}$；

26： **if** $\boldsymbol{S}^{\mathrm{MD5}}==\mathrm{MD5}(s)$ **then**

27： $\quad b=1$；

28： 输出：指纹相符；

29： **else**

30： $\quad b=0$；

31： 输出：指纹内容被修改过；

32： **end if**

33： **return** s,b

2.3.5 聚合数据还原

根据图 2.2 以及 PTNF-DP 方案基本执行流程，计算节点将数据集传递给下一个节点之前需先将 NAFPD 恢复成原始数据集 D。所以，方案还包含一个聚合数据还原算法，主要目的是将 NAFPD 中的噪声指纹去除。该算法可分为两个阶段：生成噪声指纹和去除噪声指纹。其中生成噪声指纹的执行过程与算法 2.6 中相关步骤相同，所以这里重点介绍去除噪声指纹的具体实现方式。

去除噪声指纹可分为两步实现，分别为：确定位置索引和循环去除噪声指纹。其中确定位置索引步骤的执行过程也和算法 2.6 中相关步骤一致，所以仅详细解释循环去除噪声指纹实现方法。

循环去除噪声指纹：将矩阵 $D^{(s^* \odot \vec{\kappa})}$ 中指纹噪声集嵌入全部索引位置。随后，按对应位置将噪声指纹矩阵 P^{N} 从 $D^{(s^* \odot \vec{\kappa})}$ 中减去，结果即为所求的原始数据集。

接下来，详细阐述关键步骤的具体实现方式，其伪代码详见算法 2.12。聚合数据还原算法的概要公式如下：

$$D = \mathrm{Re}\left(D^{(s^* \odot \vec{\kappa})}, s, \vec{\kappa}\right) \tag{2.4}$$

算法 2.12　聚合数据还原算法 PTNF-DP-Re

输入：$D^{(s^* \odot \vec{\kappa})}$，$s$ 和 $\vec{\kappa}$
输出：D
1：初始化：矩阵 S^*，P，R，Q，P^{N}，D :=[]；变量 $l = 0$，i, j 为循环变量，$i, j = 1$；
2：与算法 2.6 中的步骤 1 至 21 一致；
3：**for** $i \leqslant ql$ **do**
4：$\quad D_{1:q_{1,i}} = D^{(s^* \odot \vec{\kappa})}_{i,\, 1:q_{1,i}}$；
5：$\quad D_{(q_{1,i}+1):(l+q_{1,i}+1)} = D^{(s^* \odot \vec{\kappa})}_{i,\, (q_{1,i}+1):(l+q_{1,i}+1)} - P^{\mathrm{N}}$；
6：**end for**
7：**return** D

2.4　仿真验证

2.4.1　数据准备和参数确定

为尊重隐私和版权使用规则，仿真实验使用的是加利福尼亚欧文分校（University of California, Irvine；UCI）机器学习库网站提供的真实心脏病数据集样本[130]和 1994 年人口普查收入[131]。其中第一个数据样本来自美国的真实病例，其中包含 76 个属性，共计926 条记录。第二个样本数据集中共包含 48 842 条记录，具有 4 种不同的连续和离散的混合属性。若移除数据中心的包含未知实例的记录，则数据集包含 45 222 条记录。

为保证实验可行性,在不丧失一般性的前提下,通过复制数据表的方式将两个样本记录均扩展到 110 400 条。此外,假设所有数据都存储在一张表中,并且选用两个数据集中的数值型属性 Age 作为载体对象以实现噪声指纹的嵌入和检测等算法。本次仿真实验选择精确到秒的时间作为 PTNF-DP 方案的标识性信息。相较于用户的 ID 或者计算节点的 MAC 地址,时间更加动态且较难控制。若 PTNF-DP 方案能够准确实现时间的嵌入和检测,则对于其他静态标识性信息则更加容易实现。

所有算法及后续的测试性实验均是在 Microsoft Windows 7 上的 MATLAB 平台上实现的,部分函数调用功能性 Java 函数。其中,表 2.2 列出了 PTNF-DP 方案仿真实验中关键参数的值和描述等相关信息。

表 2.2　PTNF-DP 方案仿真实验关键参数和相关描述

符号	值	描述	使用阶段
s	当前时间	计算节点标识性信息字符串形式,如字符串"20200101134122"	噪声指纹生成、数据还原
sl	172	S^* 的大小	噪声指纹生成、数据还原
κ_2	7	二次剩余算法的密钥(数值形式)	噪声指纹嵌入、数据还原
Q	$[1, 2, 4]$	由 κ_2 生成的二次剩余矩阵	噪声指纹嵌入、数据还原
ql	3	Q 的大小	噪声指纹嵌入、数据还原
pl	86	P 的大小	噪声指纹嵌入
σ	$[5, 6, 7, 8]$	高斯分布的方差	噪声指纹嵌入、检测
r	110,400	D 的大小	噪声指纹生成
l	86×427	P^N 的大小	噪声指纹嵌入、检测

2.4.2　方案实施及讨论

1. 方案仿真流程说明

本节重点阐明噪声指纹生成与嵌入算法 PTNF-DP-GI 的仿真实验流程。此外,对于噪声指纹检测与验证算法 PTNF-DP-DV 中与 PTNF-DP-GI 不同的步骤也将详细说明。

噪声指纹生成与嵌入算法 PTNF-DP-GI 执行流程图如图 2.3 所示。图中传递的聚合数据均为矩阵形式,且在图中标注了仿真方案实现时所有实验数据矩阵的大小。接下来,依据图中不同流程的方法名称解释其实现的具体功能及数据流转情况。

(1)原始载体数据集及其矩阵形式生成流程

函数 getCarrierCon(·)的功能是获取原始数据集并将其放入矩阵中。同时,函数 getTotalNum(·)获取矩阵并返回其大小,并且仿真实验中结果为 110 400×1。

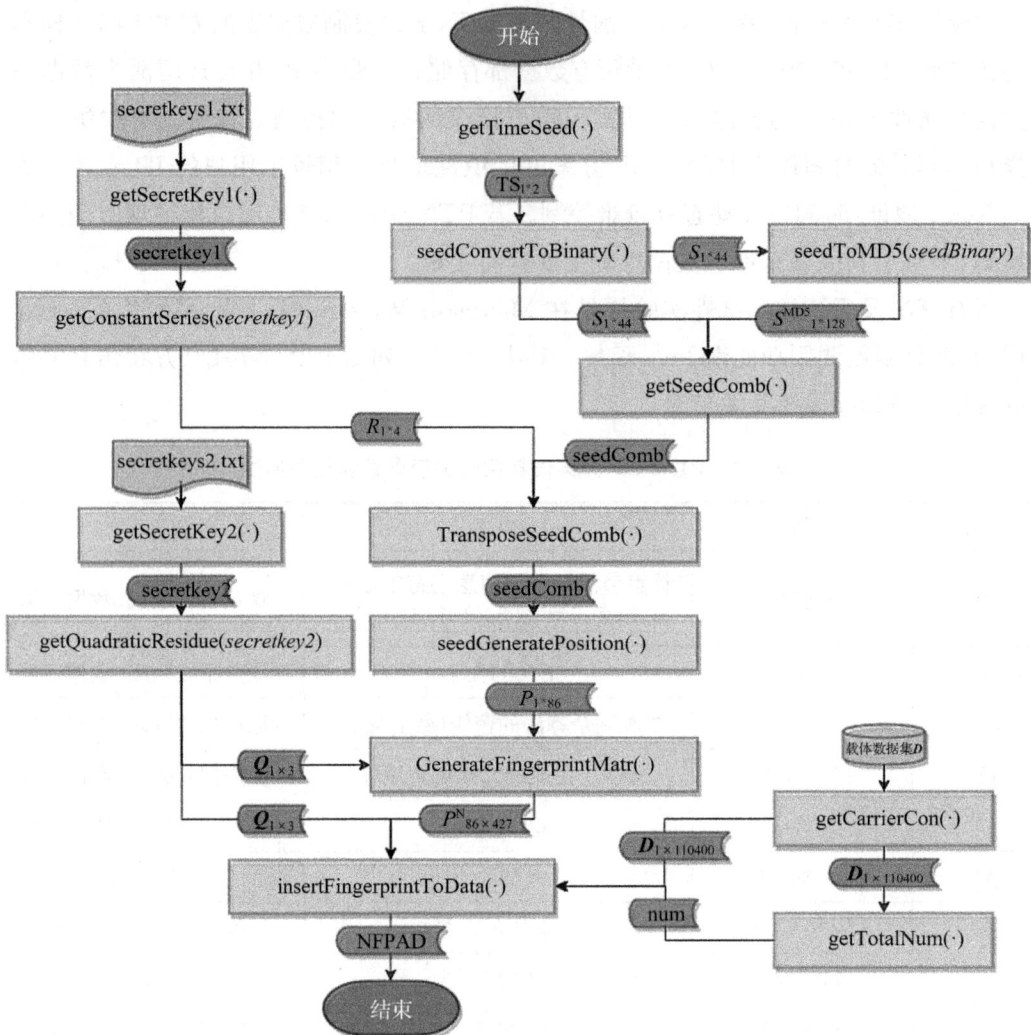

图 2.3   PTNF-DP 方案噪声指纹生成与嵌入算法流程图

(2) 标识性信息矩阵形式生成流程

函数 getTimeSeed(·) 通过获取当前时间,并将日期和时间放入并返回一个一行两列矩阵。函数 seedConvertToBinary(·) 将时间转换为二进制形式,并将其放入一个大小为 1×44 的一维矩阵中。当结果不足 44 位时,高位用 0 补齐。函数 seedToMD5(seedBinary) 将二进制时间矩阵转换为 128 位消息摘要矩阵。函数 getSeedComb(·) 将 seedConvertToBinary(·) 和 seedToMD5(seedBinary) 的结果组合成一个大小为 1×172 的一维矩阵 SEEDCOMB。

(3) 置换矩阵生成流程

为增强鲁棒性,对 SEEDCOMB 执行置换操作。首先,从密码本 secretkey1 中选择一个 4 个字母不重复的单词。其次,利用函数 getConstantSeries(secretkey1) 获得单词对应

的置换序列矩阵 $\boldsymbol{R}$。 最后,根据公式(2.5),置换序列矩阵生成单位置换矩阵 $\boldsymbol{K}_R$。

$$\boldsymbol{K}_R = (k_{i,j})_{m \times m}, k_{i,j} = \begin{cases} 1, & i = R(j) \\ 0, & i \neq R(j) \end{cases} \tag{2.5}$$

（4）置换加密算法执行流程

函数 TransposeSeedComb(·)将 $SEEDCOMB$ 重排为四行形式。将 $SEEDCOMB$ 与 $\boldsymbol{K}_R$ 相乘得到新的矩阵 $SEEDCOMB$。

（5）位置矩阵生成流程

将 SEEDCOMB 重排成两行形式。 函数 seedGeneratePosition(·)中标量由 $SEEDCOMB$ 每列非零值的行数确定,最终得到了一个大小为 1×86 的一维矩阵 $\boldsymbol{P}$。 依据原始数据集和灵敏度 $\Delta_2 f$,对 $\boldsymbol{P}$ 中的所有标量值加 5。调整 $\boldsymbol{P}$ 的值的原因详见 2.5 节。

（6）噪声指纹矩阵生成流程

函数 generateFingerprintMatr(·)循环提取 $\boldsymbol{P}$ 中的每一个标量 p_i,生成 n 个以 0 为均值, p_i 为方差的高斯分布随机噪声集,得到噪声指纹矩阵 $\boldsymbol{P}^N$。 n 的计算公式如下,参数见表 2.2。

$$n = [(r/ql)/pl] \tag{2.6}$$

再将 $\boldsymbol{P}^N$ 变换为一维矩阵并在其低阶上补 0。 $\boldsymbol{P}^N$ 的大小为 $r/ql = 110\,400/3$。

（7）噪声指纹嵌入流程

多个 $\boldsymbol{P}^N$ 嵌入原始矩阵 $\boldsymbol{D}$ 中。时间和位置由二次剩余矩阵 $\boldsymbol{Q}$ 决定。在实验中定义 $\kappa_2 = 7$, $\boldsymbol{Q} = [1, 2, 4]$,所以嵌入指纹次数为 3 次,每次嵌入前跳过 1、2 和 4 位的原始数据。函数 insertFingerprintToData(·)实现将噪声指纹循环嵌入 $\boldsymbol{D}$ 中。

噪声指纹检测与验证实验流程如图 2.4 所示,其中,与 PTNF-DP-GI 中相同或相似的操作流程不再赘述,这里重点说明 PTNF-DP-GI 未出现的执行流程。

加噪数据集读取及其矩阵形式生成流程为:函数 detectFPNoise($FPNdata$)在捕获非法数据时将数据转换成矩阵形式。由于噪声指纹是被多次嵌入 $\boldsymbol{D}$ 中的,因此只需要提取部分数据。

拟合高斯分布流程为:函数 detectGetPosition(PN)将 $\boldsymbol{P}^N$ 转换为一个 86×427 的矩阵,并依次读取每一行数据。每行数据服从不同方差的高斯分布。由这些方差可组成矩阵 $\boldsymbol{P}$。

仿真结果表明,该方案能够成功地嵌入和提取出正确的标识性信息,并且能通过 MD5 算法验证。

2. 矩阵化方案实施讨论

应用矩阵的定理和性质也可证明该方案的可行性。在这里只证明当方案以矩阵形式实现时,该方案是有效的。

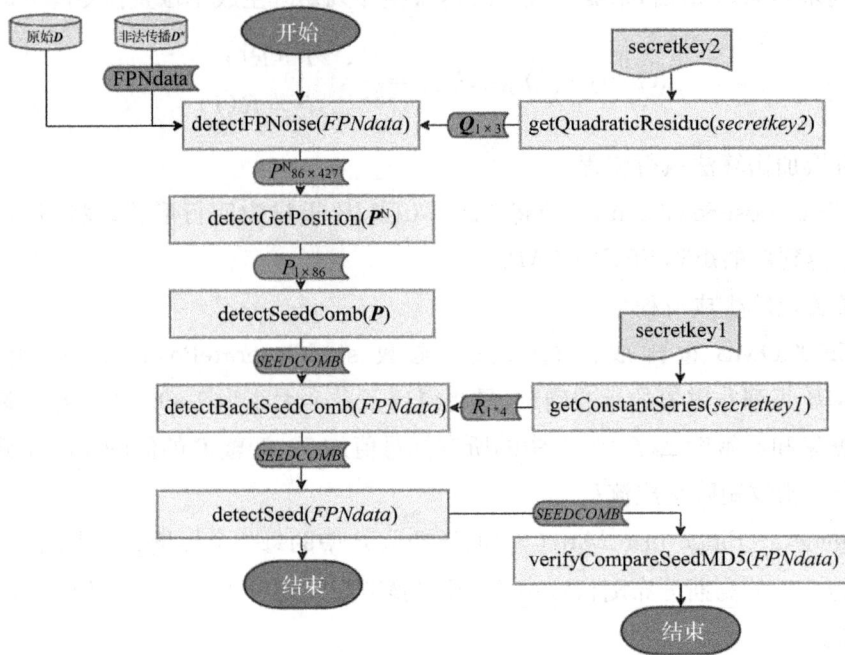

图 2.4　PTNF-DP 方案噪声指纹检测与验证算法流程图

　　假设 D 表示原始数据集的矩阵形式，S 表示计算节点标识性信息的二进制矩阵形式。它们都为一维矩阵且它们的大小分别是 $1 \times 110\,400$ 和 1×44。标识性信息的 MD5 运算结果为一个 128 位二进制矩阵。S 和其 MD5 运算矩阵组合成一个大小为 1×172 的二进制矩阵 S^*。

　　在对 S^* 以 κ_1 为密钥实现置换运算后，根据每一列的非零个数可得到矩阵 P。它可以表示为 $S^*_{1 \times 172} \rightarrow S^*_{2 \times 86} \rightarrow P_{1 \times 86}$，如公式（2.7）所示。

$$S^* = \left(\underbrace{s^*_1 \quad \cdots \quad s^*_{172}}_{172}\right) \rightarrow \begin{pmatrix} \underbrace{s^*_1}_{p_{n1}} & \cdots & s^*_{171} \\ \underbrace{s^*_2}_{} & \cdots & \underbrace{s^*_{172}}_{p_{86}} \end{pmatrix} \rightarrow \left(\underbrace{p_1 \quad \cdots \quad p_{86}}_{86}\right) = P \tag{2.7}$$

　　P^N 是将矩阵 P 中的每个标量作为高斯机制的方差而产生的零均值高斯噪声集，P^N 的大小为 86×427。P^N 转换为一维矩阵形式，并添加到 D，最终得到矩阵 $NFPAD$，可以表示为 $NFPAD = P^N_{86 \times 427} \rightarrow P^N_{1 \times 36\,722} \rightarrow P^N_{1 \times 110\,400} + D$，如公式（2.8）所示。

$$P^N = \begin{pmatrix} p^n_{11} & \cdots & p^n_{1n} \\ \vdots & & \vdots \\ p^n_{m1} & \cdots & p^n_{mn} \end{pmatrix}_{86 \times 427} \rightarrow \left(\underbrace{p^n_{11} \quad \cdots \quad p^n_{mn}}_{367\,22}\right) \rightarrow$$

$$\left(\left(\underbrace{p^n_{11} \cdots p^n_{mn}}_{36\,722} \quad \underbrace{p^n_{11} \cdots p^n_{mn}}_{36\,722} \quad \underbrace{p^n_{11} \cdots p^n_{mn}}_{36\,722}\right) + D\right) = NFPAD \tag{2.8}$$

接下来,关注矩阵 S 是否可以通过对矩阵 $NFPAD$ 进行操作而得到。$NFPAD$ 和 D 间的差值矩阵的前 36 722 列是期望得到的。按列将其重新排列为 86×427 的矩阵,记为 P^{N},可以表示为 $P^{N}_{1 \times 36\ 722} = (NFPAD - D)_{1,36\ 722} \rightarrow P^{N}_{86 \times 427}$,如公式(2.9)所示。

$$N - D = (p_1 \quad \cdots \quad p_{110\ 400}) \rightarrow (p_1 \quad \cdots \quad p_{36\ 722}) \rightarrow \begin{pmatrix} p_1^n & \cdots & p_{3\ 6636}^n \\ \vdots & & \vdots \\ p_{86}^n & \cdots & p_{36\ 722}^n \end{pmatrix}_{86 \times 427} = P^{N}$$

$$(2.9)$$

依次取每一行的 427 个元素来拟合高斯分布的方差,并将它们放入矩阵 $P_{1 \times 86}$ 中。 然后矩阵 $S^*_{2 \times 86}$ 可以从 P 的每个值反推出来。通过矩阵变换和密钥 κ_1,最终得到一个有序的一维矩阵 $S^*_{1 \times 172}$。 它可以表示为 $P_{1 \times 86} \rightarrow S^*_{2 \times 86} \rightarrow S^*_{1 \times 172}$,如公式(2.10)所示。

$$P = \begin{pmatrix} p_1 \\ s_1^*, s_2^* \end{pmatrix} \quad \cdots \quad \begin{pmatrix} p_{86} \\ s_{171}^*, s_{172}^* \end{pmatrix} \rightarrow \begin{pmatrix} s_1^* & \cdots & s_{171}^* \\ s_2^* & \cdots & s_{172}^* \end{pmatrix}_{\underbrace{}_{86}} \rightarrow \begin{pmatrix} s_1^* & \cdots & s_{172}^* \end{pmatrix}_{\underbrace{}_{172}} \quad (2.10)$$

2.5　加噪聚合数据分析

2.5.1　加噪聚合数据安全性分析

PTNF-DP 方案是将噪声指纹分多次嵌入原始数据集 D 中,并且这些噪声指纹集是分别服从不同参数 σ 的高斯分布 $N(0, \sigma^2)$。

本小节重点分析经 PTNF-DP 方案处理后的加噪聚合数据集是否具备隐私保护能力,即验证 PTNF-DP 方案生成的 NAFPD 是否满足 (ε, δ)-差分隐私。而 NAFPD 是由噪声指纹集 P^{N} 以加性噪声的形式嵌入原始数据集而生成的。其中噪声指纹集 P^{N} 是由位置矩阵 P 中各标量 p_i 作为差分隐私高斯机制 $N(0, \sigma^2)$ 中的方差 σ 所生成的。所以对 PTNF-DP 方案安全性分析的重点变为验证某一单批加噪数据集,可记为 d^* 是否满足 (ε, δ)-差分隐私,其中 d^* 是由矩阵 P 中的某一标量 p_i 作为高斯机制 $N(0, \sigma^2)$ 中的方差 σ 而生成的单批噪声集合,可记为 n^*。

假设原始聚合数据集 D 和某一查询 f,PTNF-DP-GI 算法执行后生成的 NAFPD 结果集可表示为 $f(D) + \eta$,其中 η 为噪声集合,即 PTNF-DP 方案中的矩阵 P^{N}。 因 PTNF-DP 方案中生成的噪声指纹集 P^{N} 是由 pl 批不同的噪声集组合而成的。

对单个批处理噪声数据集 d^* 建模,且存在于其中的单批噪声集 n^* 是由方差为 $\sigma = p_i$ 的高斯机制生成的,且 $n^* \subseteq \eta$。

因噪声集 n^* 是嵌入 d^* 中的一个随机噪声子集,且满足高斯分布 $N(0, \sigma^2)$,依据定理 3 有 σ 需满足：

$$\sigma \geqslant c\Delta_2 f/\varepsilon，其中 c^2 > 2\ln(1.25/\delta) \tag{2.11}$$

又因为 $\varepsilon \in (0,1)$，公式(2.11)可改写为：

$$\sigma > c\Delta_2 f = \sqrt{2\ln(1.25/\delta)}\,\Delta_2 f \tag{2.12}$$

根据公式(2.12)，σ 的值取决于 δ 和 $\Delta_2 f$。δ 应小于数据集大小的任何多项式的倒数 $1/\|D\|_1$。图 1.5 显示了 δ 在 $(0,10^{-1}]$ 范围内的变化情况，并且将 x 轴设为对数轴。图中标记了 $\delta = 10^{-5},10^{-4},10^{-3},10^{-2},10^{-1}$ 这些关键点。$c\Delta_2 f$ 的范围为 $(2\Delta_2 f,5\Delta_2 f)$。所以，参数 σ 应至少大于 $2\Delta_2 f$。

$$当 \delta = 10^{-1} 时，\sigma > 2\Delta_2 f \tag{2.13}$$

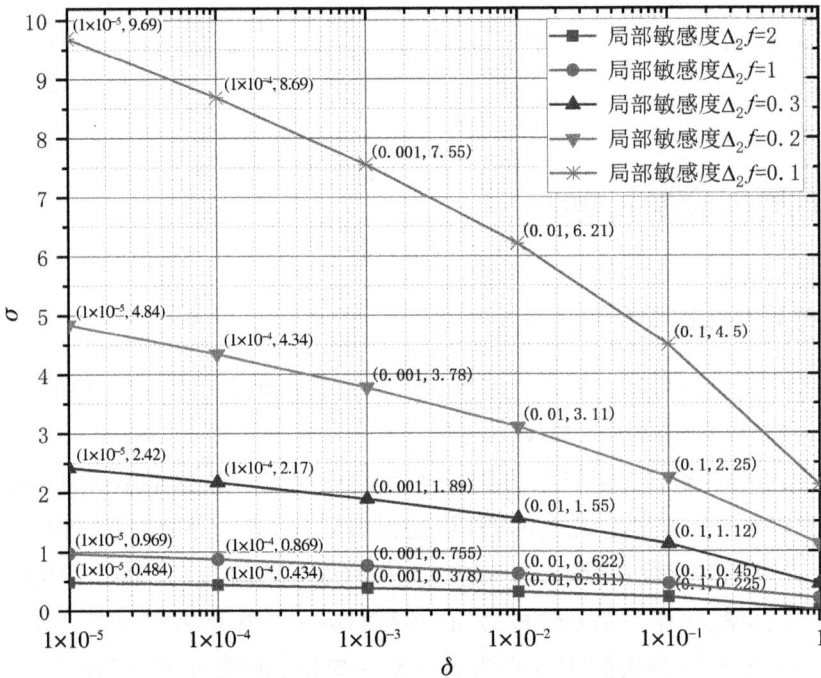

图 2.5　PTNF-DP 方案高斯机制 δ 和 σ 的分布关系

PTNF-DP-GI 和 PTNF-DP-DV 算法都存在调整 P 值的操作，若本方案的处理对象为数值型聚合数据，则 l_2 的敏感度可表示为 $\Delta_2 f = \Delta_1 f = \Delta f$。

在仿真实验中，查询 f 即为对数据集实现计数(count)功能，所以有 $\Delta f = 1$。又因为 P 中的标量值只可能是 $0,1,2,3$，因此 d^* 的大小应为 $r/4 = 110\ 400/4 = 27\ 600$，所以 $\delta < 1/27\ 600$。综上，选择 $\delta = 10^{-5}$。

依据仿真实验背景，将公式(2.13)写成 $\sigma > 5$。矩阵 P 中的每个标量值加 5 以符合原始数据集敏感度和数量级。新矩阵 $\boldsymbol{P}$ 中的标量值有 5, 6, 7, 8 这 4 种可能。因此,单批加噪数据集 d^* 至少满足 $(1, 10^{-5})$-差分隐私。

加噪聚合数据集 NAFPD 是由 pl 个不相交的单批加噪数据集 d^* 组成的,依据定理 2,NAFPD 满足 $(\max\{\varepsilon_1, \cdots, \varepsilon_{pl}\}, \max\{\delta_1, \cdots, \delta_{pl}\})$-差分隐私,其中,$1 \times pl$ 表示矩阵 $\boldsymbol{P}$ 的大小。每个子加噪聚合数据集 d^* 满足 $(1, 10^{-5})$-差分隐私。通过以上讨论得出结论:PTNF-DP-GI 算法生成的加噪聚合数据集 NAFPD 至少能保证 $(1, 10^{-5})$-差分隐私。

2.5.2　加噪聚合数据可用性分析

PTNF-DP 方案的可用性主要从经噪声处理后的聚合数据集 NAFPD 是否仍具备原始数据集的统计可用性这个角度来进行分析。不可否认的是,隐私保护不可避免地会降低数据集的准确性。为了保护隐私,本方案几乎对每一条记录都进行了扰动操作,并期望从经噪声处理后的聚合数据集 NAFPD 中获得较为准确的统计数据或查询结果。下面从公式推导和实验验证两个方面分析 PTNF-DP 方案的可用性。

1. 公式推导及分析

衡量方案执行结果与真实值之间的误差这种方式常被用于评估方案的可用性。其中平均绝对误差(Mean Absolute Error,MAE)是常用的误差计算方式之一,利用其衡量并分析 PTNF-DP 方案的可用性。对不同类型的线性查询 $f(\cdot)$,MAE 的定义为:

$$\text{MAE} = |f(D^*) - f(D)| \tag{2.14}$$

原始数据集 D 和噪声数据集 D^* 之间的关系如下所示,其中,r 为数据集 D 的大小,且 $r = \|D\|_1$。对于某一单批加噪数据集 d_i^*,其数值的取值范围为:

$$d_i^* \in (d_i - \sigma, d_i + \sigma), d_i \in D, d_i^* \in D^* \tag{2.15}$$

PTNF-DP 方案中采用的为高斯分布 $N(0, \sigma^2)$,其中的 σ 决定了嵌入噪声的数量。排除一些概率为 $(1/r)^r$ 的极端情况,PTNF-DP 方案的 MAE 可能有三种表达形式,分别为:d_i^*:$d_i^* = d_i + \sigma$,$d_i^* = d_i$ 或者 $d_i^* = d_i - \sigma$。公式(2.14)可以被分别写成:

$$\text{MAE} = |f(d_i + \sigma) - f(d_i)| \tag{2.16}$$

$$\text{MAE} = |f(d_i) - f(d_i)| = 0 \tag{2.17}$$

$$\text{MAE} = |f(d_i - \sigma) - f(d_i)| = |f(d_i + \sigma) - f(d_i)| \tag{2.18}$$

公式(2.16)和(2.18)相等的原因是它们均表示线性函数 $f(d_i + \sigma)$ 和 $f(d_i)$ 间的欧几里得距离,所以无论正负,最终得到的都是其绝对值结果。一般情况下,$MAE < k\sigma$,其中 k 为线性函数 f 的斜率。结合定理 3 及公式(2.11),参数 σ 与 ε、δ 及 $\Delta_2 f$ 相关,考虑极端情况,可得到如下结果,即加噪聚合数据集合 NAFPD 的 MAE 是所有 $k\sigma$ 的平均值。

$$\sigma = c\Delta_2 f/\varepsilon，其中\ c^2 > 2\ln(1.25/\delta) \Rightarrow \mathrm{MAE} < kc\Delta_2 f/\varepsilon \qquad (2.19)$$

2. 仿真验证及分析

满足不同 (ε, δ)-差分隐私的加噪聚合数据 NAFPD 在高斯机制下可以拟合出不同的方差 σ。为了涵盖尽可能多的 σ 的取值结果，设置 σ 的范围为：

$$\sigma \in (p_i, p_i + 5) \qquad (2.20)$$

其中 p_i 是 $\boldsymbol{P}$ 中的标量。为了方便后续计算，p_i 的值被四舍五入为整数，并将 p_i 的加数称为 $Adjust$，$Adjust$ 的取值范围为 $[0, 5]$。当 $Adjust = 0$ 时，表示不调整 $\boldsymbol{P}$ 中的值，即 σ 的取值空间为 0，1，2，3。当 $Adjust = 5$ 时，σ 的取值空间为 5，6，7，8。

依据 2.4.1 节的仿真实验数据，110 400 条 Age 属性中的数值取值范围为 20～90，再按照间隔数值 5 的形式，将其划分为 14 个区间范围。依次统计不同区间的条目数占总数的百分比，可掌握数据分布规律。

如图 2.6 所示，将原始数据集、$Adjust = [0, 5]$ 时生成的 6 个不同加噪聚合数据集 NAFPD 在 Age 属性区间的数据占比进行对比。图中每个 Age 属性区间的一组柱状图包含 7 个数据集的比较，并用不同样式标识，详见图中右上角图例。图中纵坐标表示数据集在当前区间的数量占总数量的比例，详细的数值可参见每个柱形上方数字。

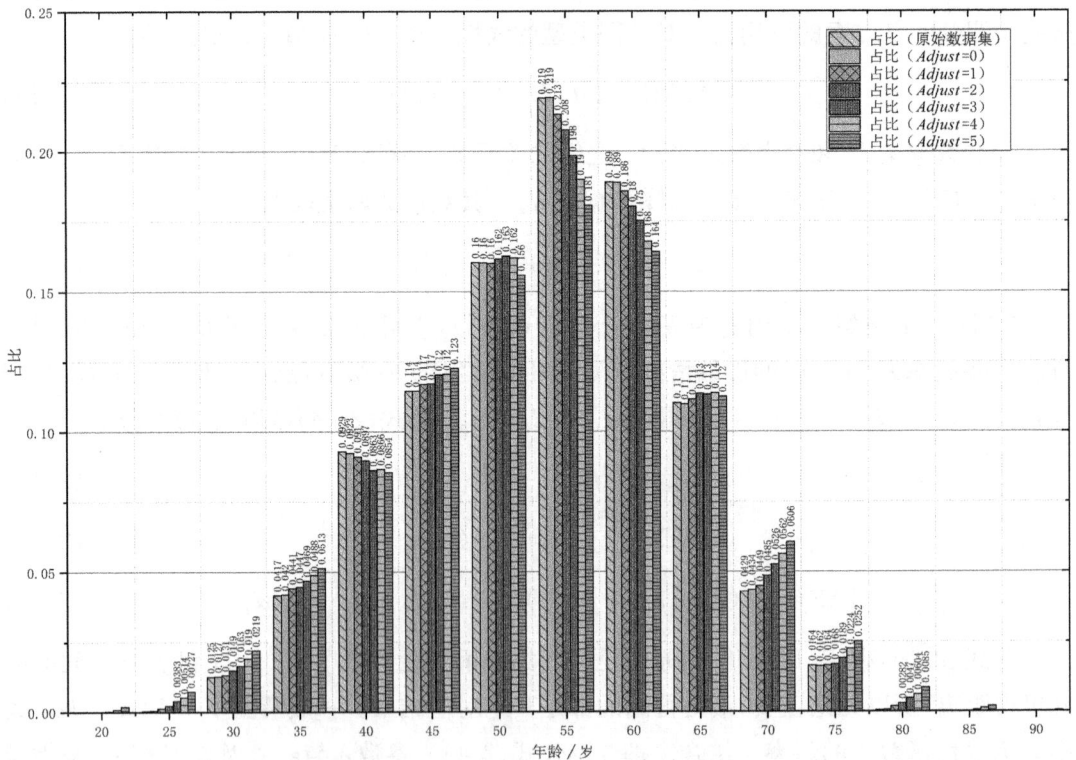

图 2.6　PTNF-DP 方案由不同加噪参数所生成的 NAFPD 的数据分布比例对比

从图 2.6 仿真执行结果可以看出,尽管不同的加噪结果数据集 NAFPD 嵌入的是不同量级的噪声集,但是它们的数据分布与原始数据集的分布是一致的。同时,对比高占比组的 7 个不同数据占比,原始数据集和加噪数据集的分布也符合差分隐私对数据集精确度的预期,即随着 DP 高斯机制参数 σ 的增大,差分隐私参数 ε 随之减小,DP的保护强度增大,随即向数据集中添加的噪声量也会相应增多,数据集准确性也就会相应地下降。

为更好地显示 PTNF-DP 方案的不同加噪数据集与原始数据集之间的误差,图 2.7和图 2.8 从另一个角度比较并显示了经噪声处理后的聚合数据集与原始聚合数据集之间的误差率。其中,图中横坐标为 14 个 Age 属性区间,纵坐标为误差比率。图中折线分别表示不同加噪数据集 NAFPD 与原始数据集在不同取值范围内的误差比值。

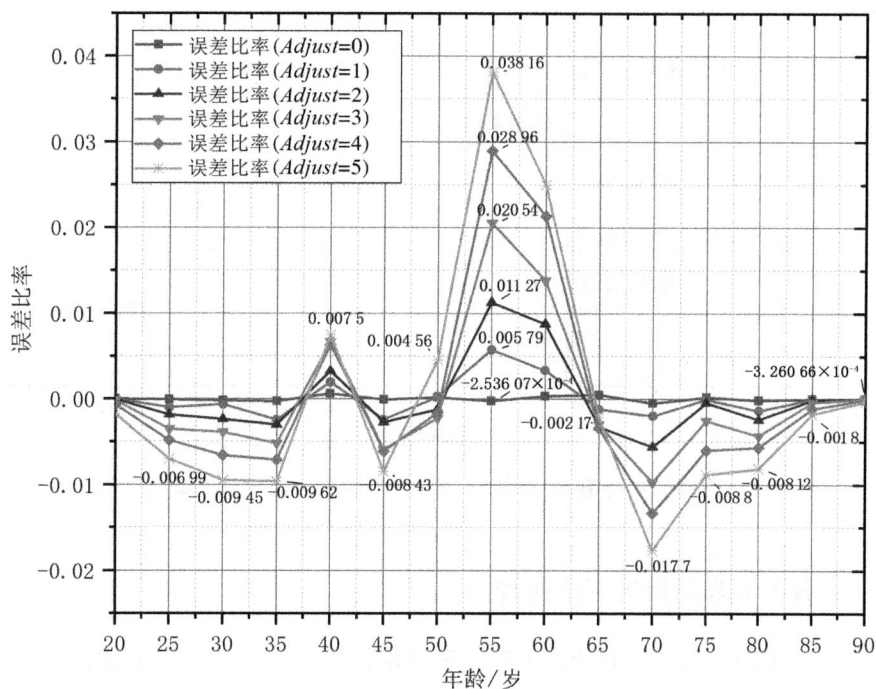

图 2.7　PTNF-DP 方案由不同加噪参数所生成的 NAFPD 与原始数据集的误差率对比

从图 2.7 不同折线和图 2.8 不同柱形的分布情况来看,它们的误差分布也符合差分隐私对数据集精确度的预期,即随着 DP 高斯机制参数 σ 的增大,数据集准确性也会相应地下降。同时,对于误差率最大的数据集,即当 $Adjust = 5$ 时,误差率也不超过 5%,在可接受的范围内。

综上,由图 2.6、图 2.7 和图 2.8 可得出这样的结论:即使是隐私保护程度最高的数据,也可以获得准确的线性查询和统计结果。

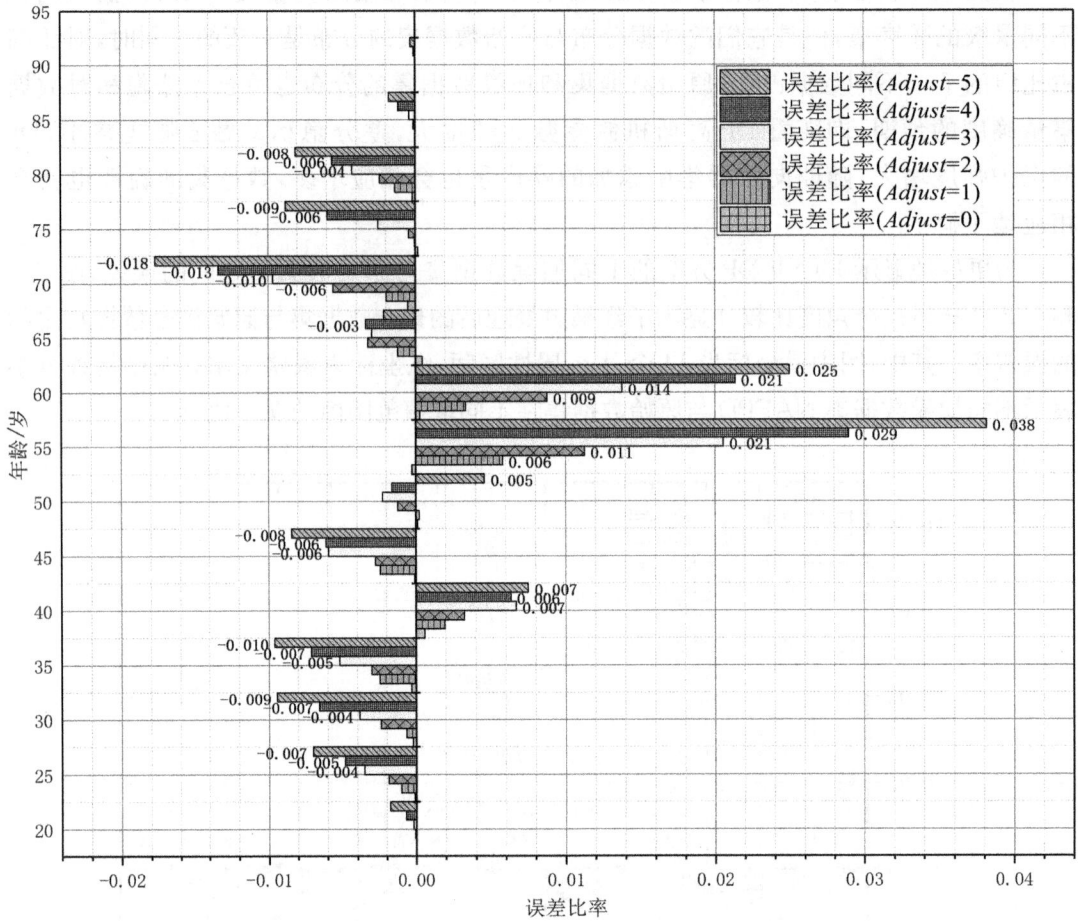

图 2.8　PTNF-DP 方案生成的 NAFPD 与原始数据集的误差率柱状对比

2.5.3　与已有差分隐私相关工作比较

本节从多个角度出发，将 PTNF-DP 方案与相似功能的差分隐私方案进行对比。

首先，在方案设计原则方面，现今大多数差分隐私方案是以迭代的方式完成对合成数据集的生成和发布[87]。使用迭代的目的是产生一个符合精度阈值的聚合数据集。这些研究的重点是如何用最少的循环计算出特定隐私保护强度下最精确的聚合数据集，以减少资源消耗，提高运行效率。

PTNF-DP 方案因需要根据实际情况确定隐私参数的值，则不需要迭代就能一次生成一个加噪聚合数据集。此外，利用系统的空闲时间可以提前计算出嵌入的噪声集等相关数据。这也使得 PTNF-DP 方案进一步减少了时间消耗，提高了执行效率。

从上面的分析可以看出，方案的隐私保障是根据数据请求者的需求来设定的，然后由设定的隐私保护参数计算每个数据块中嵌入的噪声量。这种灵活控制隐私参数值的方法更实用、更易于操作。

Ji 等[132]提出了一个与 PTNF-DP 方案具有相同目的和技术的方案。该方案通过改变数据中第 K 位的值实现整个数据集 ε_i -差分隐私。ε_i 的值是由改变的位数 k 和伯努利分布参数 p 计算得到的。显然,不能随意更改隐私保护参数以适应不同的计算环境。

表 2.3 比较了多个相似方案的隐私保护参数 ε 的计算形式和相关描述,其中大多数方案的隐私保护参数都受到各种条件的限制。

表 2.3　隐私保护参数 £ 的计算方式对比

方案	ε 的计算形式	参数描述
PTNF-DP	由请求者确定	—
[132]	$p \geqslant \dfrac{1}{e^{\varepsilon_1/k+1}}$ $K = \lfloor \log_2 \Delta \rfloor + 1$	K 是修改的位置,p 是伯努利参数
[133]	$\varepsilon = 2(1 + \log_2 n)^d / \lambda$	λ 是尺度参数,d 是属性的数量
[134]	$\ln(1 + \beta(e^\varepsilon - 1))$	ε 是给定的参数

2.6　噪声指纹分析

任何数字指纹方案最终的目标就是以安全的方式存储或传输可识别信息。下面对 PTNF-DP 方案所特有的噪声指纹的安全性和鲁棒性进行分析。

2.6.1　噪声指纹的安全性

增加数字指纹的字符长度是抵抗暴力攻击的有效解决方案。在 PTNF-DP-GI 算法中,任意长度的标识性信息被编码到一个大小为 $l = r/ql$ 的矩阵中,如图 2.9 所示。因为 r 为原始数据集的大小,而 ql 是指纹嵌入的数量,所以 l 也是一个很大的随机生成的二进制数字串。猜测和计算种子成功的概率小于 $\left(\dfrac{1}{l}\right)^l$。例如,在仿真实验中 $l = 86 \times 427$,所以得到正确标识性信息的概率小于 $(1/36\,722)^{36\,722}$,且 PTNF-DP 方案的噪声指纹是一组符合高斯分布的随机数集合。即使是相同的标识性信息,每次算法执行都会编码成不同的噪声指纹。此外,噪声指纹中还包含了标识性信息的哈希验证编码,这也是对抗暴力攻击的另一种有效解决方案。

不可感知性是指指纹不应该被直观所察觉,如嵌入在图片中的数字指纹信息不能被肉眼所分辨。针对本方案的数值型数据载体,主要谈论的是输出结果在统计上的不可感知性。也就是说,使用不同的统计方法是不能确定海量数据集中是否存在指纹的。根据

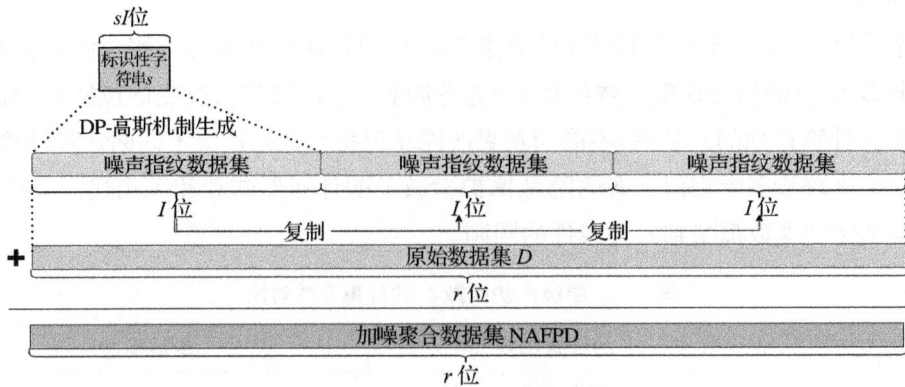

图 2.9   PTNF-DP 方案噪声指纹嵌入示意

2.5.2 节的分析,噪声指纹是统计不可感知的。因此,有理由相信,加噪数据集的可用性越高,其中的噪声指纹的不可感知性就越高。

2.6.2   噪声指纹的鲁棒性

1. 方案增强鲁棒性设计

在用仿真数据评估 PTNF-DP 方案生成的噪声指纹的鲁棒性之前,先说明其在增强数字指纹鲁棒性方面所做的努力。

(1) 哈希加密算法。PTNF-DP-GI 算法使用 MD5 加密算法生成标识性信息的信息摘要编码。MD5 可将任意长度的信息编码为固定的 128 位结果,并且不同的输入产生不同的编码结果。因此,它非常适合对无碰撞的标识性信息进行编码,如仿真实验中的时间信息。

(2) 置换加密算法。在生成噪声指纹之前对组合矩阵 S^* 进行排列。对于恶意攻击者 Ad 来说,置换加密算法的添加增加了其攻击成功的难度。PTNF-DP 方案中加密操作是通过随机选择置换密钥进行的。在执行 PTNF-DP-GI 算法时,没有人知道密钥的具体内容。

(3) 二次剩余定理。为提高指纹鲁棒性,PTNF-DP-GI 算法在原始数据集中多次嵌入噪声指纹数据集。指纹嵌入的次数和位置是由一个随机大素数的所有二次剩余项决定的。同样,在执行算法的过程中,也没有人知道它的具体内容。

即使攻击代表者(Ad)以非法的方式获得了加噪聚合数据集 NAFPD,并且知晓指纹嵌入和检测算法流程,Ad 也几乎不可能恢复出正确的噪声指纹。

首先,Ad 需要确定噪声指纹数据集嵌入的位置及大小。对于一个值仅大于 10 的质数,利用二次剩余定理计算出正确噪声指纹嵌入位置的概率小于 $(1/5^5) = 3.2 \times 10^{-4}$。

其次,即使 Ad 得到了噪声指纹,他们仍然需要恢复出正确的标识性信息矩阵 S^*。PTNF-DP-GI 算法每次执行均会随机选择一个新的置换密钥。即便对于相同的标识性信息,每次执行均会产生不同的矩阵 $\boldsymbol{S}^*$。 为了恢复 $\boldsymbol{S}^*$,Ad 需要知道置换矩阵的大小及其内容的顺序。对于一个由 4 个字母组成的置换密钥,得到正确排列矩阵的概率小于 0.041 7。

最后,假设 Ad 获得了正确的标识性信息矩阵 $\boldsymbol{S}^*$,他们仍然需要进一步区分二进制标识性信息及其信息摘要内容。

2. 抵御共谋攻击分析

共谋攻击是针对数字指纹技术最常见的攻击,其关键是辨别两个或多个发布的聚合数据集的差异。由于噪声指纹是由 DP 高斯机制随机生成的,PTNF-DP-GI 算法针对同一聚合数据集生成的 $\boldsymbol{D}^{(\boldsymbol{S}^*\odot\vec{\kappa})}$ 或 $\boldsymbol{D}^*$ 是不同。因此,要通过比较不同的 $\boldsymbol{D}^{(\boldsymbol{S}^*\odot\vec{\kappa})}$ 或 $\boldsymbol{D}^*$ 实现共谋攻击,这对本方案无效。

假设 Ad 能够得到了不同版本的组合矩阵 $\boldsymbol{S}^*$。 MD5 算法能够保证不同的标识性信息得到不同的计算结果。置换加密算法通过随机置换密钥 κ_1 对组合矩阵 $\boldsymbol{S}^*$ 重新排序,这就保证了即使是相同的内容也会产生不同的排列结果。成功实现共谋攻击意味着 Ad 从同一种子中获得至少 nv 个不同版本的 $\boldsymbol{S}^*$。 置换密钥的位数 nl 决定了 nv 的数值。

$$nv = nl(nl-1)(nl-2)\cdots 1 \tag{2.21}$$

而 Ad 获得所有版本 $\boldsymbol{S}^*$ 的概率由密码本中密钥数 nw 和 nv 的数量决定,可以表示为 nv/nw。 根据公式(2.21),攻击成功的概率为:

$$\left(\frac{nv}{nw}\right)\left(\frac{1}{nv}\right)=\frac{1}{nw} \tag{2.22}$$

3. 鲁棒性攻击实验分析

非法传播数据的 Ad 可能试图连续或离散地删除部分数据来销毁指纹。当 Ad 连续删除一批数据时,如果删除的数据小于总数据量的 $1-1/ql$,PTNF-DP 方案能确保检测到嵌入其中的标识性信息,其中 ql 是矩阵 $\boldsymbol{Q}$ 的大小,也是噪声指纹嵌入的数量。

所以,仅关注 Ad 以离散的方式随机删除数据。接下来,通过衡量删除数据的数量与指纹检测的准确性之间的关系来衡量方案的鲁棒性。

噪声指纹删除攻击的实验是对数据集中的记录逐级删除。从样本数据集 D^* 中随机选择 2^n 条记录,其中 $n=0,1,2,\cdots$。 D^* 的大小为 110 407,噪声指纹的大小为 $l=36\ 800$。 二进制标识性信息的位数 $sl=172$。 为了简化计算,实验从 D^* 中包含了整个噪声指纹的部分数据中删除数据。

比较删除数据之前和之后的二进制标识性信息的误差 ΔE。 假设删除 2^n 条记录后,检测结果中对应位置的错误二进制编码个数为 x。 删除数据之前和之后的误差如公式(2.23)所示,其中 ql 为嵌入 D^* 中的噪声指纹的数量。

$$\Delta E = \left(\frac{x}{sl}\right)^{ql} \tag{2.23}$$

图 2.10 显示了随机删除 2^n 条记录后指纹检测结果的误差率 ΔE。当删除的数据量大于 2^6 时,误差率迅速增加;当删除的数据量大于 2^9 时,误差率缓慢下降。

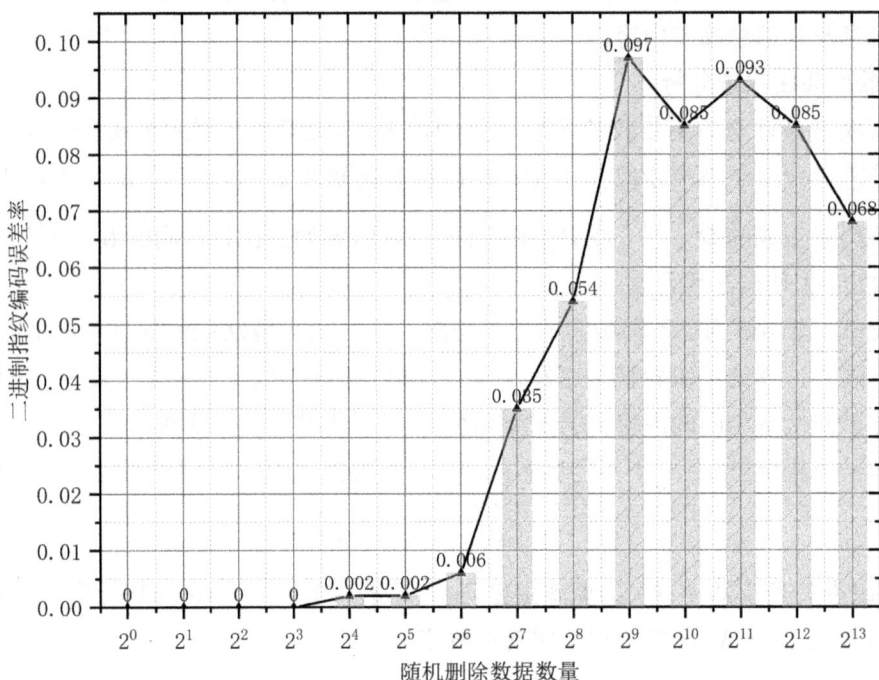

图 2.10　PTNF-DP 方案随机删除 NAFPD 中不同量级数据后的误差率

Ad 可能试图修改部分数据以干扰指纹信息。当 Ad 修改一批连续的数据时,若修改的数据量小于总数据量的 $1-1/ql$,则本方案就足以检测到标识性信息。而随机修改不连续数据与指纹检测的准确性的关系与删除攻击是一致的,将不再过多讨论。

非法传播数据的 Ad 可能试图按顺序或离散地嵌入假数据以破坏指纹信息。在 PTNF-DP 方案中,在相同的位置连续嵌入假数据对指纹检测是没有影响的。因此,关注 Ad 在数据集中的不同位置离散地嵌入假数据。接下来,通过衡量嵌入假数据的数量与指纹检测的准确性之间的关系来衡量方案的鲁棒性。

噪声指纹嵌入攻击的实验方法是递进增加嵌入记录的条数。同样,依次在样本数据集 D^* 的不同位置随机嵌入 2^n 条假记录,其中 $n=0,1,2,\cdots$。同样,对 D^* 的 36 800 条记录进行嵌入攻击,这些记录是包含 D^* 中所有噪声指纹的数据的一部分。

在嵌入一批假数据后检测误差 ΔE。在随机位置嵌入 2^n 条假记录后,并将假二进制标识信息的数量记为 x。误差率可以表示为公式(2.23)。图 2.11 显示了将 2^n 条记录嵌入噪声指纹的随机位置后的误差 ΔE。当嵌入数据数小于 2^6 时,对指纹检测结果没有影响;当嵌入数据大于 2^{11} 时,误差率显著增加。

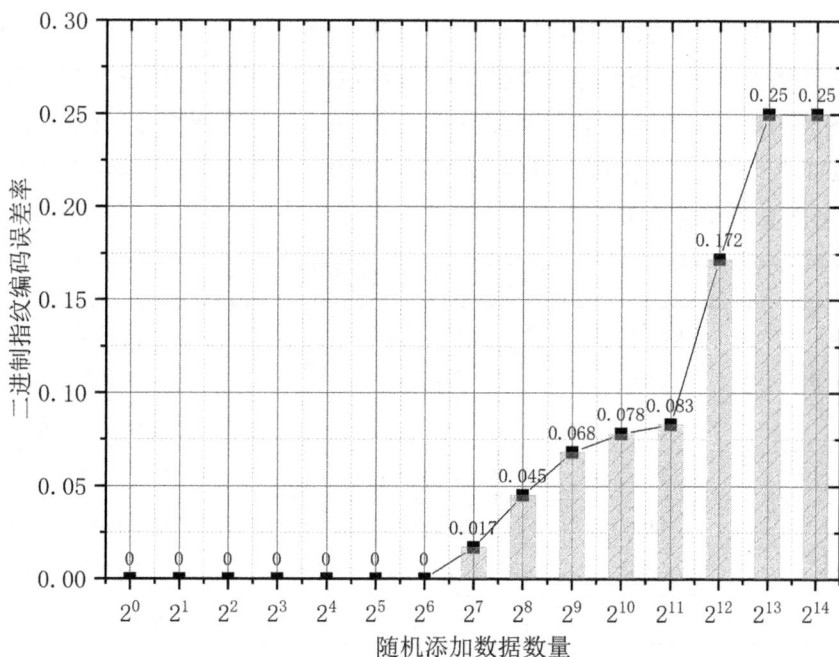

图 2.11　PTNF-DP 方案随机添加 NAFPD 中不同量级数据后的误差率

2.6.3　与现有数字指纹相关工作对比

PTNF-DP 方案中使用了数字指纹技术,所以本节从数字指纹的相关特性出发,分析并讨论 PTNF-DP 方案与现有数字指纹相关工作在不同特性上的对比。

首先,针对数字指纹方案的不可感知性方面。要确定一个数字指纹是否具有不可感知性是很困难的,因为其受到各种因素的影响,如感知环境和识别主体。PTNF-DP 方案研究的对象重点是聚合数据集,实现对聚合数据集的不可感知性主要体现在对统计结果的不可感知性。也就是说,方案最终生成的数据集的统计结果应与原始数据集的统计结果在数值等方面是不可感知的。而其他数字指纹方案的载体数据大部分为多媒体数据,它们的不可感知性体现在用户肉眼可识别。也就是说,用户无法通过肉眼分辨数字指纹嵌入前后多媒体数据的差别。当前大部分数字指纹方案均能保证其中嵌入信息的不可感知性。

其次,针对数字指纹方案的鲁棒性方面。要衡量一个数字指纹是否具备较强的鲁棒性,主要通过鲁棒性攻击实验验证分析得来。如 2.6.2 节所述,当对载体数据进行删除或修改的数据量达到 50% 以上时,指纹信息的检测误差才会有明显提升。这一效果符合数字指纹相关工作的基本要求。对比大部分非脆弱型数字指纹方案,保证方案具备较强的鲁棒性且能够抵抗共谋攻击是基本的需求。

最后,针对数字指纹方案的执行效率方面。PTNF-DP 方案的执行时间在可接受范围内,且指纹嵌入和检测算法的时间复杂度均与载体数据集的大小相关。其中嵌入算法 PTNF-DP-GI 需要几乎遍历载体数据集中的所有数据,故其时间复杂度为 $O(n)$。 检测算法包含指纹的提取以及哈希验证两部分操作,故其时间复杂度为 $O(n\log n)$。 表 2.4 比较了 PTNF-DP 和其他方案的执行时间。依据 2.4.1 节的仿真条件,PTNF-DP 方案 100 000 条数据指纹生成时间小于 5 s。

表 2.4　不同数字指纹方案的执行时间对比

方案	嵌入时间	检测时间	参数描述
PTNF-DP	$O(n)$	$O(n\log n)$	n 是载体数据集的大小
[121]	$O(n)$	$O(n\log n)$	n 是可执行文件的块数
[122]	$O(\mid n \mid m)$	$O(m)$ 或 $O(n)$	m 是码字长度,n 是接收器的大小
[126]	$O(n)$	$O(\log n)$	n 是指纹的哈希码大小
[129]	$O(n^2)$	$O(n^2)$	n 是载体图像的大小
[132]	$O(n^2)$	$O(n^2)$	n 为数据集的大小

2.7　本章小结

本章提出了一种将差分隐私与数字指纹相结合的解决方案,该方案能同步实现隐私保护和追踪功能。具体的,本章针对数值型聚合数据集设计一个详细的基于差分隐私的隐私增强型可追踪噪声指纹方案 PTNF-DP,该方案在原始数据集中嵌入精心设计的噪声指纹数据来增强隐私并实现可追踪性,其中,噪声指纹数据集中包含的可识别信息是由差分隐私高斯机制产生的。此外,本章还从安全性和可追踪能力等方面分析了 PTNF-DP 方案的性能。实验结果表明,NAFPD 满足基本数据安全性和可用性等方面的要求,且噪声指纹具备良好的安全性和鲁棒性。

然而,本章的研究具备很多的局限性。一方面,该方案仅适用于数值型聚合数据,目前还未能扩展到诸如图像、视频等非数值数据上。另一方面,检测算法 PTNF-DP-DV 采用了非盲检测,这阻碍了方案的实际应用,降低了安全性。

第3章

具备隐私保护能力的半盲指纹方法研究

3.1 引言

正如 2.7 节总结的,PTNF-DP 方案的指纹检测方式是非盲检测。这种方式在进行数字指纹检测时需要原始载体数据作为对比参数,而这大大增加了检测算法的复杂度及原始数据泄露的风险。

现实中,包含验证机构在内的各类应用中的所有实体均为好奇且不可信的,所以一般不提倡将原始数据提供给不受信的第三方。因此,本节将在 PTNF-DP 方案的基础上进行改进,在确保新方案能够实现原本功能和特性的基础上,将数字指纹检测方式改进为半盲检测,即不再需要原始载体数据,而只需将其相关附加信息作为检测对比参数。

本节的新方案依旧采用差分隐私和数字指纹相结合的方式实现数值型聚合数据集的隐私增强型的可追踪性这一功能。即新方案不仅要在查询统计结果的隐私性和精确度之间取得平衡,而且还要保证目标聚合数据集的可追踪性。为此,本节将 PTNF-DP 方案进行改进,提出了一个更为详细的具有隐私保护能力的半盲指纹方案(Privacy Protection-capable Finger Printing Scheme with Semi-blind Detection,PPFP)。该方案将不同数据请求者的可识别信息编码成大型数值型数据集的不同坐标标识,称之为指纹坐标,并将特定的 DP 参数嵌入这些坐标中。由 PPFP 生成的可追踪的加噪数据集(Traceable Noised Dataset,TND)是将 DP 高斯噪声嵌入原始数据集的指纹坐标而形成的结果数据集。PPFP 方案不仅能满足隐私保护的需求,而且能够包含不同用户的身份信息。此外,PPFP 方案使用哈希算法实现了半盲检测,通过对比原始数据集和 TND 两者的哈希值确定指纹信息。该检测方式可降低原始数据集被泄露的风险,提高了方案的可信度和权威性。

本章内容安排如下:3.2 节分别给出了方案的系统、安全和攻击模型,说明了本章方法的拟解决的问题及理论依据;3.3 节重点阐述 PPFP 方案的原理、具体执行算法等;3.4 节,根据隐私保护和数字指纹的性能指标,分别对 PPFP 方案进行分析和讨论;3.5 节用真实的数据和恰当的参数来仿真实现和验证 PPFP 方案;3.6 节对本章进行了小结。

3.2 问题描述

3.2.1 系统模型

为最大限度地提升方案的可用性，将方案放置在合适的环境中是至关重要的。PPFP方案适用于多用户数据交互模式，如图3.1所示，图中黑色实线和方形数字标记表示指纹坐标和TND的生成过程，虚线和灰色标记表示半盲指纹检测过程。

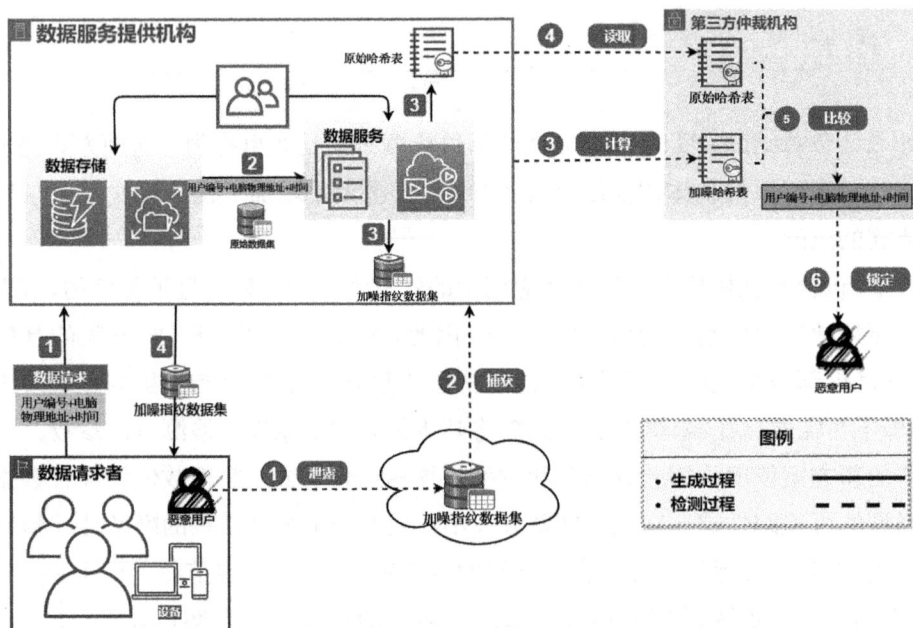

图 3.1　PPFP 方案执行环境

整个方案包含三类实体，且每类实体的功能定义如下所示：

（1）数据请求者。为实现查询、分析或预测而请求定制数据集的用户。PPFP方案特别要求数据请求者将诸如用户编号（User ID, UID）、时间、媒体访问控制（Media Access Control, MAC）等标识性信息和数据请求一起发送至数据服务提供机构。

（2）数据服务提供机构。其通常具备两个功能，一是存储和分类所有收集到的数据，另一个是提供数据计算服务。在PPFP方案中，计算服务包含生成指纹编码并将其嵌入原始数据集、计算哈希值、生成TND等操作。

（3）第三方仲裁机构。其持有原始数据集的哈希结果，在发生数据纠纷时，对非法数据进行仲裁。主要通过计算待测数据集的哈希结果，比较其与保存的原始数据集哈希结果的差异，从而计算出相应的坐标指纹矩阵，确定相关用户。

3.2.2　安全模型

安全模型旨在让每个主体对客体对象具备最安全且绝对可用的访问权。PPFP 方案的安全模型的主体由数据请求者、数据服务提供机构和第三方仲裁机构组成。客体对象包含原始数据集、相应的噪声指纹数据集、原始哈希矩阵和噪声哈希矩阵,如图 3.2 所示。图中箭头代表实体之间的响应和限制关系。

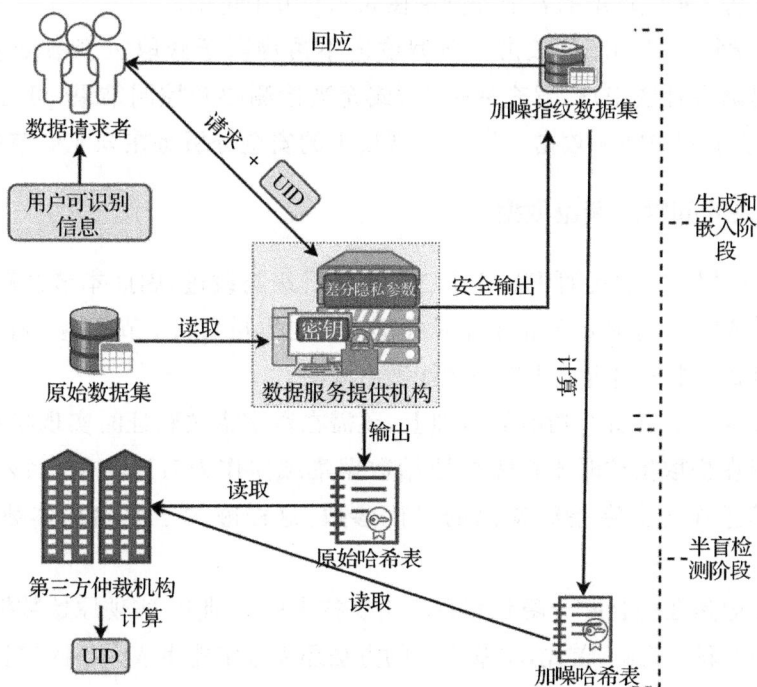

图 3.2　PPFP 方案的安全模型

只有数据服务提供机构拥有原始数据集,数据请求者得到的是经过加密、清洗、DP 等安全处理后的加噪数据集,并且该加噪数据集附有数据请求者的识别信息。第三方仲裁机构只能访问原始数据集和待检数据集的哈希矩阵,由于其无法访问原始数据集,基本上可以阻止不受信任的第三方泄露隐私。

3.2.3　攻击模型

同 PTNF-DP 方案一样,PPFP 方案中所有实体都被认为是好奇且不诚实的,即它们都对自己无法访问的隐私数据保持好奇态度,且会有意或无意地泄露自己有权访问的数据内容。针对 PPFP 方案的五种主要攻击模式总结如下:

(1) 外部恶意用户攻击。恶意用户从计算节点或传输链路中非法获取部分或全部数据。

（2）内部用户非法获取或传播隐私数据。当数据请求者充当合法授权角色时，他们可能会向公众或未经授权的用户泄露所得到的部分或全部数据，或者他们可能会非法读取无权获知的机密数据。

（3）共谋攻击。一个数据请求者可能与其他数据请求者串通，从而获得更多的机密信息。针对共谋攻击的安全分析将在 3.4.5 节中讨论。

（4）基于数字水印的攻击。数据请求者可以对被标记的内容进行篡改，并将其传递给公众。针对基于水印攻击的安全分析将在 3.4.5 节中讨论。

（5）基于学科交叉的新型攻击。新型攻击不再局限于获取机密数据或躲避检测。它们的目标是陷害合法用户，冒充仲裁者，或充当检测中介控制结果，可分别称为买方防陷害、认证攻击和中间人攻击。针对新型攻击的安全分析将在 3.4.9 节中讨论。

3.2.4 拟解决的问题及理论依据

由于本章所提的方法是对 PTNF-DP 方案的升级与改进，因此本节拟解决的关键问题类同 2.2.3 节所述，本章的理论依据及关键技术也类同 2.2.4 节所述。在此基础上，本节重点针对第 2 章中未实现或改进的功能做出说明。

本章在实现第 2 章所有功能的基础上，还需在数字指纹验证时实现半盲检测功能。半盲检测是指在提取指纹时不再需要原始数据集载体作为对比参数，而采用原始数据载体的附加信息作为数字指纹检测的对比参数，这样减少了原始载体数据集泄露的风险。

本章的关键是在融合差分隐私和数字指纹技术的基础上，实现原始数据载体附加信息与噪声集的关联。为此，首先，本章提出的方法还需选定能生成大小固定且占比较小的附加信息计算方法；其次，本章提出的方法依据附件信息的计算方法还需设计新的噪声指纹嵌入方法；最后，本章提出的方法还需实现附加信息的指纹检测方法设计。

为同步解决上述问题，本章所提出的方法需选定合适的附加信息计算方法。参照需求，选定哈希算法作为附加信息的生成算法，具体的，可选择 MD5 算法生成原始数据集128 位的信息摘要作为其附加信息。在实际算法执行时，MD5 算法执行效率高，能生成固定大小的信息摘要，且对于不同的数据生成的信息摘要内容是不同的。这样的特点能保证本方法实际执行的高效性和可行性。

除此之外，MD5 生成的 128 位信息摘要可与差分隐私生成的随机噪声以及数字指纹编码而成的标识性信息相关联，在原始数据载体中实现信息嵌入，继而完成方法的实现。以上述对拟解决问题和关键技术理论依据的剖析，可设计并实现具备隐私保护能力的半盲指纹方法。

3.3　具备隐私保护能力的半盲指纹方案

3.3.1　方案概述

PPFP 方案的核心思想是将一组精心设计的噪声集嵌入原始聚合数据集的特定位置来实现隐私保护。其中，噪声集是由 DP 高斯机制生成的，数据请求者的标识性信息被转化为在原始数据集嵌入噪声集的特定坐标。

不同数据请求者的标识性信息是不同的，在 PPFP 方案中，标识性信息可能是用户 ID、计算机 MAC 地址，或者它们的组合。在原始数据集的不同的坐标点上嵌入满足特定隐私保护强度的随机噪声集产生不同的副本，这些坐标数据是由数据请求者的标识性信息编码而成的。这样可保证 PPFP 方案生成的副本数据集 TND 在整个数据交互流程中是唯一的。当数据泄露事件发生时，通过提取指纹坐标来识别叛徒。以一个数据请求者进行一次指纹的嵌入和检测为例，PPFP 方案指纹嵌入和半盲检测基本原理说明如下。

首先，数字指纹的生成和定点嵌入的过程如图 3.3 所示。原始聚合数据集被划分为形如方阵的数据块集合。再根据数据集的大小和隐私保护的强度，生成定量的噪声集块。将这些噪声集块依次插嵌入原始数据集的不同数据块中即可得到 TND。噪声集块嵌入的坐标是由用户标识性信息编译而成的。分割后的原始数据集和加噪数据集均需生成相应的哈希结果集，以便应对可能的指纹检测操作。

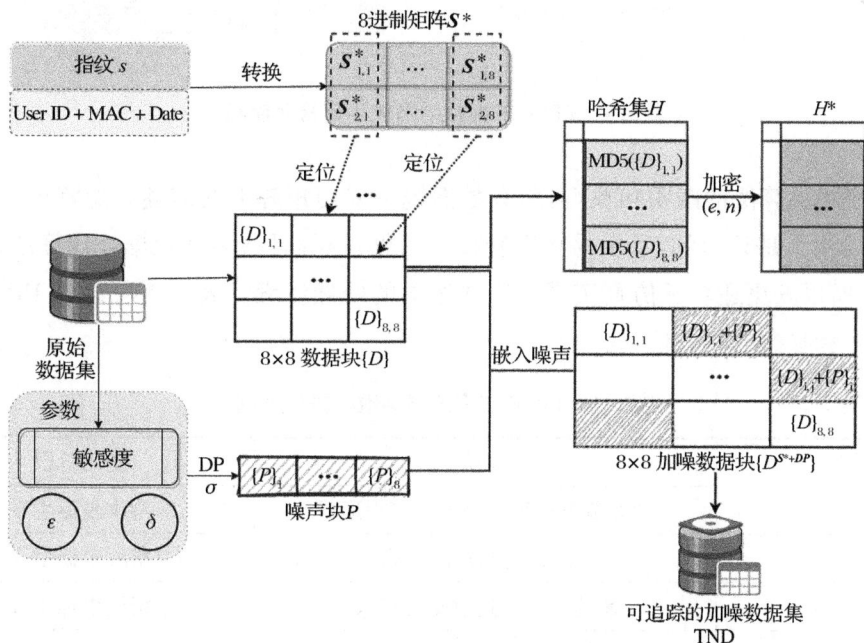

图 3.3　PPFP 方案 DP 噪声嵌入指纹坐标流程

其次,半盲指纹检测的过程如图 3.4 所示。PPFP 方案通过对比待检测的非法数据集的哈希结果矩阵和相应的原始数据集的哈希结果矩阵实现半盲指纹检测。具体的,通过比较上述两个哈希结果矩阵,标记出内容不同的行数,进一步可计算出内容不同的行数所对应的在数据集中的具体坐标点。这些坐标点的排序是通过计算和重排特定位置的数据块确定的。

最后,依据坐标点数据计算出相关用户的标识性信息。

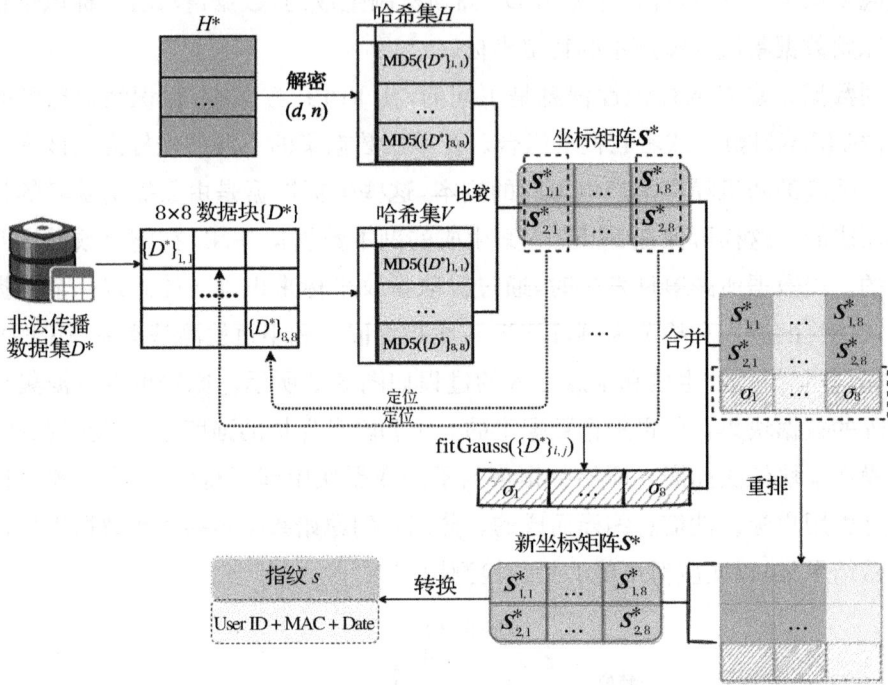

图 3.4　PPFP 方案数字指纹半盲检测流程

为方便相关算法的阐明和执行,所有数据统一采用矩阵形式表述。矩阵形式和数据表在数据结构上是相似的,且极易相互转换。另外,矩阵具备多种数据处理算法,如转置和变换等,所以其更适合于仿真实现大型数据集的处理流程。表 3.1 总结了 PPFP 方案中关键符号和参数的相关信息。

表 3.1　PPFP 方案关键参数和符号说明

符号	描述	使用阶段
s	计算节点标识性信息字符串形式	指纹坐标生成
$\boldsymbol{S}$ 或 (s_{ij})	s 的二进制矩阵形式	指纹坐标生成
$\boldsymbol{S}^*$ 或 (s_{ij}^*)	$\boldsymbol{S}$ 的 2 行 k 进制矩阵形式	指纹坐标生成
D	原始数据集	DP 噪声集嵌入

符号	描述	使用阶段
r	D 的大小	DP 噪声集嵌入
bn	D 被划分的数据块数目	DP 噪声集嵌入
k	基数且 $k = \sqrt{bn}$	DP 噪声集嵌入
ls_k	2 行 k 进制矩阵 $(S)_k$ 的大小	指纹坐标生成
κ_1	置换加密算法的置换密钥（单词形式）	指纹坐标生成
$\boldsymbol{R}$	由 κ_1 生成的置换矩阵	指纹坐标生成
ε	差分隐私参数——隐私预算	DP 噪声集嵌入
δ	差分隐私参数	DP 噪声集嵌入
$\boldsymbol{H}$	D 的哈希结果矩阵	半盲指纹检测
(e, n)	非对称加密算法公钥	半盲指纹检测
(d, n)	非对称加密算法私钥	半盲指纹检测
$\boldsymbol{H}^*$	$\boldsymbol{H}$ 加密后的结果矩阵	半盲指纹检测
σ	高斯分布的方差	DP 噪声集嵌入
$N(\mu, \sigma)$	高斯机制生成随机噪声函数	DP 噪声集嵌入
$\boldsymbol{P}$	嵌入的噪声集矩阵	DP 噪声集嵌入
$D^{(S^* \odot (\varepsilon, \delta)\text{-DP})}$	TND	DP 噪声集嵌入
$\mathrm{fitGauss}(\cdot)$	高斯拟合函数	半盲指纹检测
D^*	非法传播数据集	半盲指纹检测

3.3.2　指纹坐标生成和噪声嵌入算法

PPFP 方案的指纹坐标生成和噪声嵌入算法主要分为两大阶段，分别为利用数据请求者标识性信息生成噪声嵌入的指纹坐标，以及生成满足某一隐私保护需求的 DP 噪声集嵌入原始数据集的指纹坐标中。本节将详细说明指纹坐标生成和噪声嵌入算法 PPFP-GI 的关键步骤，分别为指纹生成、噪声数据块生成、噪声嵌入和哈希集生成。

其中，指纹坐标的生成和噪声嵌入算法的精简公式如式（3.1）所示。

$$D^{(S^* \odot (\varepsilon, \delta)-\text{DP})} = \text{PPFP\_GI}(D, s, \varepsilon, \delta) \tag{3.1}$$

步骤 1：数字指纹坐标生成。首先，将标识性信息 s 从字符串形式转换成十进制矩阵 $(S)_{10}$ 形式，再进一步将其转换成二进制矩阵 $(S)_2$。其次，根据分割后的数据集矩阵 $\{\boldsymbol{D}\}_{k \times k}$ 中数据块的数量，$(S)_2$ 随后被转换为基数 k 的相关矩阵 $(S)_k$ 形式。最后，矩阵 $(S)_k$ 被变换成一个 2 行 m 列的矩阵 S^*，此时，该矩阵 S^* 即为指纹坐标矩阵。

此外，为确保更强的隐私性，方案还对 $(S)_2$ 进行置换加密算法。置换矩阵 R 是根据置换密钥 κ_1 中每个字母的序列计算得来的。例如，若 κ_1 的值是"MAKE"，则 $R = \begin{bmatrix} 4 & 1 & 3 & 2 \end{bmatrix}$。使用 R，将 S^* 置换成一个新的 S^*。数字指纹生成这一阶段具体可参见算法 3.1 及算法 3.4 中的第 2—7 步。

算法 3.1　数字指纹坐标生成算法 PPFP-GI_S1

输入：数据请求者的标识性信息 s，基数变量 k，密钥 κ_1

输出：标识性信息矩阵 S^*

1：初始化：矩阵 S^*，$A := \begin{bmatrix} & \end{bmatrix}$，变量 $keynum = 0$；

2：参照 ASCII 码表，将字符串 s 转换成其十进制数值形式，即 $s \rightarrow (S)_{10}$；

3：将十进制转换成其二进制数值形式，即 $(S)_{10} \rightarrow (S)_2$；

4：读取 κ_1 密钥单词的字母数目，并赋值给 $keynum$；

5：遍历 κ_1 每个字母，依次放入 A 中第 1 行；

6：将 A 按字母顺序重排，并和矩阵 $\begin{bmatrix} 1 & 2 & \cdots & keynum \end{bmatrix}$ 按行组合成一个 2 行的矩阵；

7：新矩阵 A 按照 κ_1 正确的单词顺序按列置换；

8：读取 A 中第 2 行，放入置换矩阵 R 中，且 R 的大小为 1 行 $keynum$ 列；

9：将矩阵 $(S)_2$ 划分为以 $keynum$ 位为一组、共 g 组的二进制字符组合；

10：将每一组二进制字符串依据置换矩阵 R 进行位置置换；

11：按列组合所有置换后的二进制字符串矩阵，生成新的 S_2；

12：依据变量 k，将矩阵 S_2 转换成 k 进制形式，即 $(S)_2 \rightarrow (S)_k$，存储在 $1 \times ls_k$ 矩阵中；

13：将矩阵 S_k 转换成 2 行矩阵形式，即 $S_k = (s_k)_{1n} \rightarrow (s_k)_{2m} = S^*$，$n = ls_k$ 且 $m = n/2$；

14：**return** S^*

　　步骤 2：噪声数据块生成。通过原始数据集 D 的 l_2 -敏感度、DP 私参数 ε 和 δ 可计算出高斯机制的方差 σ 的取值范围。随后将方差范围划分为 $k-1$ 等份，并按照数值大小，将 k 个由小到大的数值依次放入矩阵 V 中。矩阵 V 的大小为 1 行 k 列。最后，将矩阵 V 中的每个标量代入 DP 高斯机制 $N(0, \sigma^2)$ 中，依据高斯机制定义 7 和相关定理 3，计算生成大小为 $1 \times (r/bn)$ 的噪声块集，并按列放入矩阵 P 中，最终，矩阵 P 的大小为 $(r/bn) \times k$。噪声数据块生成在算法 3.2 和算法 3.4 中的第 8—12 步中有详细描述。

　　步骤 3：噪声嵌入。所求可追踪的加噪数据集 TND 是通过结合步骤 1 和步骤 2 生成的结果计算得到的。坐标指纹矩阵 S^* 被用来定位在原始数据集 D 中嵌入高斯噪声集 P 的坐标点，其中，S^* 中的每一列的两行数据被看成是具体的坐标点的行和列。矩阵 P 中的值按列提取，并作为加性噪声依次嵌入原始数据集矩阵 D，最终得到可追踪的加噪数据集 TND $D^{(S^* \odot (\varepsilon, \delta)\text{-DP})}$。算法 3.2 和 3.4 中的第 13—18 步中描述了噪声嵌入的情况。

算法 3.2　高斯噪声生成和嵌入算法 PPFP-GI_S2

输入: 标识性信息矩阵 S^*,原始数据集 D,DP 参数 ε,δ,数据块分块数变量 bn

输出: 可追踪的加噪数据集 TND $D^{(S^* \odot (\varepsilon,\delta)-\mathrm{DP})}$

1:　初始化:矩阵 $V,P,U,Q := [\ ]$,变量 $i=0$;

2:　依据原始数据集 D 计算其 $\Delta_2 f$ -敏感度,其中 f 是一个查询函数,则有 $\Delta_2 f = \max\limits_{D,D'} \| f(D)-f(D') \|_2$;

3:　依据定理 3 中公式 $\sigma = \Delta_2 f \sqrt{2\ln(1.25/\delta)}/\varepsilon$,计算高斯机制中方差 σ 的取值范围;

4:　$\sigma \in [\sigma_{\min}\sigma_{\max}]$,将其均分为 $k-1$ 等份;

5:　按照 σ 的值从小到大排列,并依次放入一个 1 行的矩阵 $V_{1\times k}$ 中;

6:　依据定义 7,生成 k 个高斯噪声集,每块噪声集大小为 r/bn,并按列存储在矩阵 P 中;

7:　**for** $i \leqslant k$ **do**

8:　　定位并读取矩阵 D 中第 $s_{1,i}^*$ 行,第 $s_{2,i}^*$ 列的数据块,并放入矩阵 U 中;

9:　　定位并读取矩阵 P 中第 i 列的内容,并放入矩阵 Q 中;

10:　　令 $U=U+Q$;

11:　　定位并用新的矩阵 U 置换矩阵 $\{D\}_{k\times k}$ 中第 $s_{1,i}^*$ 行,第 $s_{2,i}^*$ 列的数据块;

12:　**end for**

13:　**return** TND $D^{(S^* \odot (\varepsilon,\delta)-\mathrm{DP})}$

　　步骤 4:哈希矩阵生成。此步骤是为了将来可能的指纹检测提供辅助信息,PPFP 方案的半盲指纹检测需要应用到的辅助信息是原始数据集的哈希结果矩阵。将原始数据集矩阵 $\{D\}_{k\times k}$ 中的数据块连续提取出来,并依次分别计算出它们的哈希值。方案是利用 MD5 算法为每个数据块计算出 128 位哈希值,并且每个数据块的哈希值被逐行存储到矩阵 H 中,故矩阵 H 的大小为 $bn\times 128$。为了提高安全性,再通过非对称加密算法的公钥对矩阵 H 进行选择性加密,得到加密哈希结果矩阵 H^*。哈希矩阵的生成可参见算法 3.3 和算法 3.4 中的第 19—24 步。

算法 3.3　哈希矩阵生成算法 PPFP-GI_S3

输入: 公钥 (e,n),原始数据集矩阵 D,数据块分块数变量 bn

输出: 原始数据集加密哈希结果矩阵 H^*

1:　初始化:矩阵 $H,H^* := [\ \ ]$,变量 $i=0$;

2:　**for** $i \leqslant bn$ **do**

3:　　计算待提取原始数据集矩阵 D 的第 i 个数据块所在的行 $h_r = i/k$;

4：　计算待提取原始数据集矩阵 $\boldsymbol{D}$ 的第 i 个数据块所在的列 $h_c = i\%k$；

5：　计算第 i 个数据块的哈希值，并放入矩阵 $\boldsymbol{H}$ 的第 i 行中，$h_{i,[1,128]} =$ MD5$(\{\boldsymbol{D}\}_{h_r,h_c})$；

6：　**end for**

7：　利用公钥 (e, n) 对矩阵 $\boldsymbol{H}$ 加密，$\boldsymbol{H}^* \equiv \boldsymbol{H}^e \bmod n$；

8：　**return $\boldsymbol{H}^*$**

最终，指纹坐标生成和噪声嵌入算法 PPFP-GI 发布加噪聚合数据集矩阵 $\boldsymbol{D}^{(\boldsymbol{S}^* \odot (\epsilon, \delta)-\mathrm{DP})}$ 和哈希结果矩阵 $\boldsymbol{H}^*$，其中 $\boldsymbol{D}^{(\boldsymbol{S}^* \odot (\epsilon, \delta)-\mathrm{DP})}$ 是反馈给数据请求者的具有隐私保护功能的查询结果，$\boldsymbol{H}^*$ 是提供给第三方仲裁机构的，可为后续可能的半盲检测提供参考。指纹坐标的生成和噪声嵌入算法的全流程伪代码参见算法 3.4。

算法 3.4　指纹坐标生成和噪声嵌入算法 PPFP-GI

输入：D，s，(e, n)，ϵ，δ，bn，κ_1

输出：$\boldsymbol{H}^*$，$\boldsymbol{D}^{(\boldsymbol{S}^* \odot (\epsilon, \delta)-\mathrm{DP})}$

1：　初始化：矩阵 $\boldsymbol{S}^*$，$\boldsymbol{A}$，$\boldsymbol{P}$，$\boldsymbol{U}$，$\boldsymbol{Q}$，$\boldsymbol{H}$，$\boldsymbol{V}$，$\boldsymbol{H}^* := [\ ]$；设定循环变量 $i=1$ 和内部中间变量 $k, h_r, h_c = 0$；

2：　$s \rightarrow (\boldsymbol{S})_{10} \rightarrow (\boldsymbol{S})_2$；

3：　遍历 κ_1 每个字母，依次放入 $\boldsymbol{A}$ 中第 1 行；

4：　将 $\boldsymbol{A}$ 按字母顺序重排，并和矩阵 $[1\ 2\ \cdots\ keynum]$ 按行组合成一个 2 行矩阵；

5：　新矩阵 $\boldsymbol{A}$ 按照 κ_1 正确的单词顺序按列置换；

6：　读取 $\boldsymbol{A}$ 中第 2 行，放入置换矩阵 $\boldsymbol{R}$ 中，且 $\boldsymbol{R}$ 的大小为 1 行 $keynum$ 列；

7：　将矩阵 $(\boldsymbol{S})_2$ 划分为以 $keynum$ 位为一组、共 g 组的二进制字符组合；

8：　将每一组二进制字符串依据置换矩阵 $\boldsymbol{R}$ 进行位置置换；

9：　按列组合所有置换后的二进制字串矩阵，生成新的 $\boldsymbol{S}_2$；

10：$k = \sqrt{bn}$；

11：$(\boldsymbol{S})_2 \rightarrow (\boldsymbol{S})_k$；

12：重排矩阵 $(\boldsymbol{S})_k = (s_k)_{1n} \rightarrow (s_k)_{2m} = \boldsymbol{S}^*$，$n = ls_k$ 且 $m = n/2$；

13：计算 D 的 $\Delta_2 f$-敏感度，其中 f 是一个查询函数，$\Delta_2 f = \max\limits_{\boldsymbol{D}, \boldsymbol{D}'} \| f(D) - f(D') \|_2$；

14：依据公式 $\sigma = \Delta_2 f \sqrt{2\ln(1.25/\delta)}/\epsilon$，计算方差 σ 可接受的取值范围；

15：将 D 重排为 $k \times k$ 的数据块矩阵，$D \rightarrow \{\boldsymbol{D}\}_{k \times k}$；

16：$\sigma \in [\sigma_{\min}\ \sigma_{\max}]$，将其均分为 $k-1$ 等份；

17：按照 σ 的值从小到大排列，并依次放入一个 1 行的矩阵 $\boldsymbol{V}_{1 \times k}$ 中；

18：依据定义 7，生成 k 个高斯噪声集，每块噪声集大小为 r/bn，并按列存储在矩阵 $\boldsymbol{P}$ 中；

19：**for** $i \leqslant k$ **do**

20：　　定位并读取矩阵 $\boldsymbol{D}$ 中第 $s_{1,i}^{*}$ 行，第 $s_{2,i}^{*}$ 列的数据块，并放入矩阵 $\boldsymbol{U}$ 中；

21：　　定位并读取矩阵 $\boldsymbol{P}$ 中第 i 列的内容，并放入矩阵 $\boldsymbol{Q}$ 中；

22：　　令 $\boldsymbol{U} = \boldsymbol{U} + \boldsymbol{Q}$；

23：　　定位并用新的矩阵 $\boldsymbol{U}$ 置换矩阵 $\{\boldsymbol{D}\}_{k \times k}$ 中第 $s_{1,i}^{*}$ 行，第 $s_{2,i}^{*}$ 列的数据块；

24：**end for**

25：**for** $i \leqslant bn$ **do**

26：　　$h_{\mathrm{r}} = i/k$；

27：　　$h_{\mathrm{c}} = i \% k$；

28：　　$h_{i,[1,128]} = \mathrm{MD5}(\{\boldsymbol{D}\}_{h_{\mathrm{r}},h_{\mathrm{c}}})$；

29：**end for**

30：$\boldsymbol{H}^{*} \equiv \boldsymbol{H}^{e} \bmod n$；

31：**return** $\boldsymbol{H}^{*}$ 和 $\boldsymbol{D}^{(\boldsymbol{S}^{*} \odot (\varepsilon,\delta) - \mathrm{DP})}$

3.3.3　半盲指纹检测算法

　　PPFP 方案的检测算法包含哈希集对比、拟合高斯分布、指纹计算和提取三个步骤。第三方权威仲裁机构实现提取和检测网络中非法传播的数据集 D^{*}。按照规定的数据集划分策略，将待检数据集 D^{*} 划分成 bn 个数据块，采用相同的哈希算法，依次计算这些数据块的哈希结果矩阵 $\boldsymbol{H}'$。将矩阵 $\boldsymbol{H}'$ 和解密后的矩阵 $\boldsymbol{H}^{*}$ 进行比对，找出值不同的行数。利用参数 k 计算出这些行数映射到二维数据集的指纹坐标点矩阵 $\boldsymbol{S}^{*}$。

　　依次提取 $\boldsymbol{S}^{*}$ 中的每一列，以其为坐标点，找到待检数据集 D^{*} 中对应的数据块，利用高斯拟合函数，得到不同数据块的对应方差 σ，并将这些 σ 按列存储在矩阵 $\boldsymbol{M}$ 中。

　　将矩阵 $\boldsymbol{M}$ 和 $\boldsymbol{S}^{*}$ 组合成一个新的矩阵，依据 $\boldsymbol{M}$ 值的大小对 $\boldsymbol{S}^{*}$ 进行重排，得到的新的 $\boldsymbol{S}^{*}$ 即为所求的用户标识性信息矩阵。最后，利用数值转换和数据类型转换得到标识性信息字符串 s。综上，PPFP 方案的半盲指纹检测算法简化表述如公式(3.2)所示。

$$s = \mathrm{PPFP\_SD}(\boldsymbol{H}^{*},\boldsymbol{H}',\varepsilon,\delta) \tag{3.2}$$

　　接下来，详细说明哈希集对比、拟合高斯分布、数字指纹提取和计算三个步骤。特别的，具备隐私保护能力的数字指纹半盲检测算法 PPFP-SD 是通过比较原始数据集和非法数据集之间的哈希结果矩阵而不是整个数据集来实现指纹检测的，即方案实现了半盲检测。

步骤 1:哈希矩阵对比。首先,将待检测的数据集 D^* 按照算法 3.4 的方式划分成数据块集合,得到包含 $k \times k$ 个数据块的数据集矩阵 $\{D^*\}_{k \times k}$。 其次,将 $\{D^*\}_{k \times k}$ 中的数据块依次提取出来,并利用与算法 3.4 相同的哈希函数依次计算出它们的哈希值,并按行放入矩阵 H' 中。最后,将 H' 与原始数据集的哈希矩阵 H 按行进行比较,并记录内容不同的行号,依次计算这些行号所对应的坐标点,并记录到矩阵 S^* 中。哈希矩阵对比的伪代码体现在算法 3.5 和算法 3.7 的第 4—13 步中。

算法 3.5 哈希矩阵对比算法 PPFP-SD_S1

输入: 待检测数据集 D^*,私钥 (d, n),原始数据集哈希矩阵 H^*,数据块分块数变量 bn

输出: 标识性信息矩阵 S^*

1: 初始化:矩阵 H, H', S^*, $V := [\quad]$,变量 $i = 0$;
2: 对原始数据集的哈希矩阵 H^* 解密,即 $H \equiv H^{*d} \bmod n$;
3: 重排数据集 D^*,将其划分为 $bn = k \times k$ 个二维矩阵形式的数据块集合,即 $D^* \to \{D^*\}_{k \times k}$;
4: **for** $i \leqslant bn$ **do**
5:   得到 $\{D^*\}_{k \times k}$ 中待检测数据块的行坐标,$v_r = i/k + 1$;
6:   得到 $\{D^*\}_{k \times k}$ 中待检测数据块的列坐标,$v_c = i \% k$;
7:   依次计算待检数据块的哈希值,放入矩阵 V 的第 i 行中,即 $v_{i,[1:128]} = \mathrm{MD5}(\{D^*\}_{v_r, v_c})$;
8:   **if** $v_{i,[1:128]} \neq h_{i,[1:128]}$ **then**
9:     计算指纹坐标点的行坐标,$s^*_{1,i} = v_r$;
10:     计算指纹坐标点的列坐标,$s^*_{2,i} = v_c$;
11:   **end if**
12: **end for**
13: **return** S^*

步骤 2:拟合高斯分布。步骤 1 和算法 3.5 中得到的坐标矩阵 S^* 不是原始且正确排序的坐标矩阵。要得到正确的坐标排序,需要依次提取 S^* 中的每列数据,对应到 $\{D^*\}_{k \times k}$,并提取相应的数据集块。利用高斯拟合算法,拟合每个提取出来的数据块,并提取出对应的方差值,按列存储在矩阵 M 中。拟合高斯分布在算法 3.6 和算法 3.7 中的第 14~19 步中描述。

步骤 3:指纹计算和提取。将矩阵 S^* 和 M 按行合并成一个新的矩阵 U,再将 U 依据

M 中元素的大小按列重新排列。提取新的 U 中的前 2 行、前 k 列作为 k 进制的噪声指纹矩阵。然后将其转换为十进制数，再通过置换解密算法得到相关用户的标识性信息字符串 s。指纹计算和提取的具体步骤详见算法 3.6 和算法 3.7 中的第 20—28 步。

算法 3.6　指纹信息的计算和提取算法 PPFP-SD_S2

输入：待检测数据集 D^*，S^*，κ_1

输出：标识性信息字符串 s

1：　初始化：矩阵 M，$U := [\quad]$，变量 $i = 0$；

2：　**for** $i \leqslant k$ **do**

3：　　$t_r = s_{1,i}^*$；

4：　　$t_c = s_{2,i}^*$；

5：　　高斯拟合 $(0,\sigma) = \text{fitGauss}(D_{t_r,t_c}^*)$；

6：　　将高斯分布方差放入矩阵 M 中，$m_i = \sigma$；

7：　**end for**

8：　将矩阵 S^* 和 M 组合成一个矩阵，即 $U = [S^* \quad M]'$；

9：　依据 M 的值由大到小对 U 重排；提取矩阵 U 的前两行，即 $S^* = U_{1:2,\,1:\text{end}}$；

10：重排矩阵 $S^* = (s_k)_{2m} \to (s_k)_{1n} = (S)_k \to (S)_2$；

11：生成置换矩阵 $R = e_{\kappa_1}(Z_{26})$；

12：利用 R 置换矩阵 $(S)_2$；

13：$(S)_2 \to (S)_{10} \to s$；

14：**return** s

PPFP 方案的半盲式指纹检测算法的全流程伪代码参见算法 3.7。

算法 3.7　具备隐私保护能力的数字指纹半盲检测算法 PPFP-SD

输入：D^*，H^*，(d,n)，ε，δ，bn，κ_1.

输出：标识性信息字符串 s

1：　初始化：矩阵 $H := [\quad]$，$V := [\quad]$，$S^* := [\quad]$，$M := [\quad]$，$U := [\quad]$，$R := [\quad]$；设置循环变量 $i, j = 1$，内部变量 $k, v_r, v_c, t_r, t_c = 0$；

2：　$k = \sqrt{bn}$；

3：　$H \equiv H^{*d} \bmod n$；

4：　重排 D^*，将其变为 $k \times k$ 个数据块的形式，$D^* \to \{D^*\}_{k \times k}$；

5：　**for** $i \leqslant bn$ **do**

6：　　$v_r = i/k + 1$；

7：$v_c = i \% k$；

8：$v_{i,[1:128]} = \text{MD5}(\{\boldsymbol{D}^*\}_{v_r, v_c})$；

9：   **if** $v_{i,[1,128]} \neq h_{i,[1,128]}$ **then**

10： $s^*_{1,i} = v_r$；

11： $s^*_{2,i} = v_c$；

12：   **end if**

13：**end for**

14：得到矩阵 $\boldsymbol{S}^*$；

15：**for** $j \leqslant k$ **do**

16： $t_r = s^*_{1,j}$；

17： $t_c = s^*_{2,j}$；

18： $(0, \sigma) = \text{fitGauss}(\boldsymbol{D}^*_{t_r, t_c})$；

19： $m_j = \sigma$；

20：**end for**

21：得到矩阵 $\boldsymbol{M}$；

22：将矩阵 $\boldsymbol{S}^*$ 和 $\boldsymbol{M}$ 组合成一个矩阵，即 $\boldsymbol{U} = [\boldsymbol{S}^* \quad \boldsymbol{M}]'$；

23：依据 $\boldsymbol{M}$ 的值由大到小对 $\boldsymbol{U}$ 重排；

24：提取矩阵 $\boldsymbol{U}$ 的前两行，即 $\boldsymbol{S}^* = \boldsymbol{U}_{1:2, \, 1:\text{end}}$；

25：重排矩阵 $\boldsymbol{S}^* = (s_k)_{2m} \to (s_k)_{1n} = (\boldsymbol{S})_k$，$n = ls_k$ 且 $m = n/2$；

26：$(\boldsymbol{S})_k \to (\boldsymbol{S})_2$；

27：生成置换矩阵 $\boldsymbol{R} = \text{e}_{\kappa_1}(Z_{26})$；

28：将矩阵 $(\boldsymbol{S})_2$ 划分为以 $keynum$ 位为一组、共 g 组的二进制字符组合；

29：将每一组二进制字符串依据置换矩阵 $\boldsymbol{R}$ 进行位置置换；

30：按列组合所有置换后的二进制字串矩阵，生成新的 $\boldsymbol{S}_2$；

31：利用 $\boldsymbol{R}$ 置换矩阵 $(\boldsymbol{S})_2$；

32：$(\boldsymbol{S})_2 \to (\boldsymbol{S})_{10} \to s$；

33：**return** s

3.4   方案性能分析和讨论

3.4.1 性能指标

    本章所提出的 PPFP 方案具备两个最基本的功能，即对数据集的安全分析和追踪功能。因此,从隐私保护和可追踪性两个角度对 PPFP 方案的相关性能进行评估。

当对统计结果数据集进行安全分析时,需要考虑对数据集的隐私保护程度和统计可用性。此外,应当注意到这是两个相互冲突的目标,最终目标是它们应在同一结果集上取得最大程度的平衡。即要求 PPFP 方案生成的结果数据集 TND 既能满足用户及其敏感信息的隐私保护需求,又能保证查询结果具备较高的准确率。

(1)隐私保护。隐私指的是用户不愿向外界透露的敏感信息,包括用户和他们的敏感数据[135]。一个理想的隐私保护解决方案期望正确的用户在合适的时间和地点访问和利用相应权限等级的数据和属性等客体资源,并且方案还应为用户及其隐私数据提供保护,防止任意形式的攻击。

(2)统计可用性。可用性指能够满足数据请求者的访问期望的有效信息。在对数据集实施转换和匿名化等安全处理操作之后,仍尽可能地从查询结果中进行分析和挖掘。理想的统计可用性是指查询结果与真实的查询结果无法区分。

从数字指纹技术角度考虑,PPFP 方案的可追踪的性能评估可以从以下几个主要的特点进行分析:

(1)不可感知性[136]。具备不可感知性的数字指纹方案意味着数字指纹不应被明确地感知到。针对 PPFP 方案,具体谈论的是 TND 在统计意义上的不可感知性,是指在大量的数据中,无法用统计方法确定指纹信息的存在。

(2)鲁棒性[137]。具备鲁棒性的数字指纹方案应确保嵌入了数字指纹的载体数据对象在经过一定程度的修改、删除等攻击后仍然能保持指纹信息的完整性,或能以较高的正确率被检测出来。一个优秀的数字指纹方案应该具有强大的鲁棒性。

(3)可信性[137]。可信性是指数字指纹方案中指纹重合的概率,即两个不同的标识性信息经过特定的指纹编码计算后生成的指纹信息是一致的概率。它可以用重合概率 P_C 表示。P_C 越低,表明数字指纹所有权的证明性越强。

(4)可行性[137]。数字指纹方案可行性可利用各种标准来评估,如生成指纹的额外成本等。本节只考虑 PPFP 方案执行时间和指纹的长度两个性能[138]。执行时间指的是生成数字指纹的平均时间,而控制指纹的长度是为了最大限度地减少传输时的误码率。

3.4.2　隐私保护分析

PPFP 方案生成的可追踪的加噪数据集 TND $D^{(S^* \odot (\varepsilon, \delta)-\text{DP})}$ 应具备保护用户身份及其隐私信息的功能,本节从公式推导和形式化验证两个角度对本章方案的隐私保护功能进行分析。

1. 公式推导及分析

原始数据集 D 中嵌入若干由高斯机制生成的随机噪声集。这些噪声集 $N(0, \sigma^2)$ 是由 $\sigma_i, i = 1, 2, \cdots, k$ 生成的,具体如公式(3.3)所示。

$$D^{(S^* \odot (\varepsilon, \delta) - \mathrm{DP})} = D + N(0, \sigma^2) \tag{3.3}$$

而每个高斯机制的参数 σ_i 的值可以根据公式(3.4)和公式(3.5)计算。

$$\sigma_i = c_i \Delta_2 f / \varepsilon_i, \ i = 1, 2, \cdots, k \tag{3.4}$$

$$c_i^2 = 2\ln(1.25/\delta_i), \ i = 1, 2, \cdots, k \tag{3.5}$$

假设数据请求者可接受的隐私程度是确定的,即差分隐私保护参数 ε 和 δ 的取值范围已确定,并且它们的最大值分别用符号 $\varepsilon_{\max}$ 和 $\delta_{\max}$ 来表示,最小值分别用符号 $\varepsilon_{\min}$ 和 $\delta_{\min}$ 来表示。

$$\varepsilon_{\min} \leqslant \sum_{j=1}^{k} \varepsilon_j \leqslant \varepsilon_{\max} \tag{3.6}$$

$$\delta_{\min} \leqslant \sum_{j=1}^{k} \delta_j \leqslant \delta_{\max} \tag{3.7}$$

根据算法 3.4 所述,由高斯机制生成的噪声集 $N_i(0, \sigma_i^2)$ 嵌入 D 的不同数据块中,每次噪声集的嵌入会向 D 提供 $(\varepsilon_j, \delta_j)$-差分隐私保护。方案可看成 k 次具有不同 DP 参数值的噪声集添加到数据集 D 中。依据 DP 序列定理 1, $D^{(S^* \odot (\varepsilon, \delta) - \mathrm{DP})}$ 至少满足 $(\sum_{j=1}^{k} \varepsilon_j, \sum_{j=1}^{k} \delta_j)$-差分隐私。

向 D 的 k 个数据块添加噪声集时,每个噪声集对应的参数是不同且可排序的,故有以下公式:

$$k\varepsilon_{\min} + (k-1) Inter_\varepsilon = \varepsilon_{\max} \tag{3.8}$$

$$k\delta_{\min} + (k-1) Inter_\delta = \delta_{\max} \tag{3.9}$$

而 $Inter$ 代表单位线性增长的值,它与 k 的值成反比。

$$Inter_\varepsilon = \frac{\varepsilon_{\max} - k\varepsilon_{\min}}{k-1} \tag{3.10}$$

$$Inter_\delta = \frac{\delta_{\max} - k\delta_{\min}}{k-1} \tag{3.11}$$

总之,参数 ε_j 和 δ_j 可表示为:

$$\varepsilon_j = \varepsilon_{\min} + (j-1) Inter_\varepsilon, \ j = 1, 2, \cdots, k \tag{3.12}$$

$$\delta_j = \delta_{\min} + (j-1) Inter_\delta, \ j = 1, 2, \cdots, k \tag{3.13}$$

故当 $k > 1$ 时,由 PPFP 方案生成的 TND 至少满足 $(\varepsilon_{\max}, \delta_{\max})$-差分隐私。

2. 形式化语言验证及分析

接下来,用形式化语言——Z 语言,证明本章的方案可提供 DP 保护。

Z 语言(Z Notation)是一种基于数学的形式化规约语言,由简-埃蒙德·阿布瑞尔(Jean-Raymond Abrial)于 20 世纪 80 年代提出的,旨在通过严格的数学符号与逻辑体系精确描述计算机系统的行为与结构。其核心建立在集合论与一阶谓词逻辑之上,利用集合运算、关系和函数等数学工具构建无歧义的模型。

该语言以"模式"(Schema)为基本单元,通过封装状态变量、前置条件与后置条件形成逻辑块,如状态模式用于定义系统的静态属性(如变量类型及约束),操作模式则通过 Δ 符号描述状态迁移过程,明确输入参数与状态变化的逻辑关系。

Z 语言支持形式化验证的关键能力,包括验证操作前后系统状态是否满足不变式约束,以及从抽象规约到具体实现的精化过程正确性。在应用层面,它被广泛应用于高可信系统的设计,如航空航天控制系统、核电站安全协议,同时也适用于网络通信协议、医疗设备及自动驾驶系统的逻辑建模。工具生态方面,Z/EVES 提供定理证明功能,CZT 开源工具集涵盖语法检查与模拟器,而 ProB、Rodin 等平台支持其与 B 方法的混合开发。

Z 语言的优势在于通过数学化描述消除自然语言歧义,支持早期错误检测,并为代码生成提供骨架,但其应用需较强的数学背景,且大规模系统建模复杂度较高。作为形式化方法的代表性技术之一,Z 语言的思想深刻影响了 Event-B、TLA＋等后续方法的发展,成为高可靠性系统设计的基石性工具。

此处只简单介绍并表示形式化证明所需的关键步骤,完整的形式描述和验证包括定义和声明,可在附录 A 中找到。由证明可得,由 PPFP 方案生成的聚合噪声数据集 TND 至少满足 $(\varepsilon_{max}, \delta_{max})$-差分隐私。

Formal Proof of Z Language

Known:

transform_seed:SEED ↔ Location

transform_originaldata:ORIGINALDATA↛OriginalData'

tag_location:(LocationOriginalData')↛TagBlock

genNoise:(ORIGINALDATA×ε×δ×Gauss)↛Noise

　　　　　⟺DP(ORIGINALDATA, ε, δ, Gauss) add_toBlock:(TagBlock×Noise)↛NoisedBlock

getNoiseddata:(NoisedBlock×ORIGINALDATA)↛NoisedData

To Proof:

NoisedData∧para_com ⊢ DP(NoisedData, ε, δ, Gauss)

Proof:

NoisedData∧para_com

⇒(NoisedBlock×ORIGINALDATA)∧para_com

$\Rightarrow((\text{TagBlock}\times\text{Noise})\times\text{ORIGINALDATA})\wedge\text{para\_com}$

$\Leftrightarrow((\text{TagBlock}\times\text{DP}(\text{ORIGINALDATA},\varepsilon,\delta,\text{Gauss}))\times\text{ORIGINALDATA})$

$\wedge\text{para\_com}$

$\Rightarrow(((\text{Location}\times\text{OriginalData'})\times\text{DP}(\text{ORIGINALDATA},\varepsilon,\delta,\text{Gauss}))$

$\times\text{ORIGINALDATA})\wedge\text{para\_com}$

$\Rightarrow(\text{DP}(\text{NoisedBlock},\varepsilon,\delta,\text{Gauss})\times\text{ORIGINALDATA})\wedge\text{para\_com}$

$\Leftrightarrow(\text{DP}(\text{NoisedBlock},\varepsilon,\delta,\text{Gauss})\wedge\text{para\_com})\times(\text{ORIGINALDATA}$

$\wedge\text{para\_com})$

$\Rightarrow\text{DP}(\text{NoisedBlock},\max(\varepsilon_i),\max(\delta_i),\text{Gauss})$

$\times\text{DP}(\text{ORIGINALDATA},\varepsilon,\delta,\text{Gauss})$

And

$\text{NoisedBlock}\subseteq\text{NoisedData}$

$\text{getNoiseddata}:(\text{NoisedBlock}\times\text{ORIGINALDATA})\nrightarrow\text{NoisedData}$

So

$\text{DP}(\text{NoisedBlock},\max(\varepsilon_i),\max(\delta_i),\text{Gauss})$

$\times\text{DP}(\text{ORIGINALDATA},\varepsilon,\delta,\text{Gauss})$

$\Rightarrow\text{DP}(\text{NoisedData},\max(\varepsilon_i),\max(\delta_i),\text{Gauss})$

$\times\text{DP}(\text{ORIGINALDATA},\varepsilon,\delta,\text{Gauss})$

$\Rightarrow\text{DP}(\text{NoisedData},\max(\varepsilon_i),\max(\delta_i),\text{Gauss})$

3.4.3 统计可用性分析

不可否认性是对数据集的隐私保护操作不可避免地会影响数据集查询或统计结果的准确性。本节关注的是差分隐私技术是否会导致不准确的统计或查询结果。准确性是通过比较原始与处理后的数据集的统计概率、均值或其他关键值的一致性来衡量的。这些值的比较将在3.5.3节结合具体的仿真数据阐述。本节着重通过 Z 语言推导可追踪的加噪数据集 TND 的可用性。

评估方案 PPFP 的可用性采用平均绝对误差(Mean Absolute Error,MAE)来衡量,其公式详见式(3.14),其中的 m 表示数据集 D 的大小,且有 $m=\|D\|_1$,$y_i\in D$。

$$\text{MAE}=\frac{1}{m}\sum_{i=1}^{m}|y_i-f(x_i)| \tag{3.14}$$

对于不同类型的线性查询,原始数据集 D 和 PPFP 方案生成的加噪聚合数据集 $D^{(\boldsymbol{S}^*\odot(\varepsilon,\delta)-\text{DP})}$ 的平均绝对误差可以定义为:

$$\text{MAE}=|f(D^{(\boldsymbol{S}^*\odot(\varepsilon,\delta)-\text{DP})})-f(D)| \tag{3.15}$$

因此,PPFP 方案所生成的可追踪的加噪数据集 TND 和原始数据集之间的误差取决于加了高斯噪声的数据块和未加噪声的原始数据块之间的误差。本方案中的噪声是由高斯机制产生的，而依据 DP 的相关定义和定理，可追踪的加噪数据集 TND 可以保证统计上的可用性。

　　接下来，首先利用 Z 语言正式描述平均绝对误差（MAE）的定义，然后再利用平均绝对误差的形式化定义论证和分析 PPFP 方案产生的可追踪的加噪数据集 TND 的可用性。

The Definition of MAE

Set：

func：X×I→FY×I

Cha：Y×I→FY×I

Definition：

$$[X, Y]$$

MAE：(Y,func)

m=♯ Y

∀ x：X,i：ℕ │ i≤m · func(x,i)=(fy,i)

∀ y：Y,i=1 … m │ y≥fy · Cha(y,i)=(y,i)−(fy,i)∨ y≤fy · Cha(y,i)
　　　　=(fy,i)−(y,i)

MAE(y,func)=(Cha(y,i)⊕Cha(y,i) · dom(i={1 … m}) div m

Availability Calculation of NoisedData

Set：

Y：ORIGINALDATA

FY：NoisedDATA

m=♯ ORIGINALDATA

X=1 … m

func：X×I→FY×I

⟺genNoise∘add_toBlock

⟺(ORIGINALDATA×ε×δ×Gauss)↛Noise∘(TagBlock×Noise)
　　　　↛NoisedBlock

⇒(ORIGINALDATA×ε×δ×Gauss×TagBlock)↛NoisedBlock

⇒id(OriginalBlock×ε×δ×Gauss)↛NoisedBlock

MAE(Y,func)⇒MAE(ORIGINALDATA,NoisedData)

⟺MAE(ORIGINALDATA,NoisedBlock)

↛MAE(OringialBlock,(OriginalBlock×ε×δ×Gauss)

↛MAE(OringialBlock,DP(OringialBlock, ε , δ , Gauss))

3.4.4 不可感知性分析

要确定一个数字指纹是否具有不可感知性是很困难的,因为其受到各种因素的影响,如感知环境和识别主体。本节通过在特定感知距离的衡量标准上设置一个与原始载体数据的阈值来描述不可感知性。而平均均方误差(Mean Squared Error, MSE)是一个常用的感知距离度量函数,它被定义为:

$$D_{\mathrm{MSE}}(c_\mathbf{o}, c_\mathbf{w}) = \frac{1}{N} \sum_{i}^{N} (c_\mathbf{w}[i] - c_\mathbf{o}[i])^2 \tag{3.16}$$

MSE 给出了原始数据对象 $c_\mathbf{o}$ 和被嵌入数字指纹的数据对象 $c_\mathbf{w}$ 之间的测量距离。回到方案本身,公式(3.16)可以被改写为:

$$D_{\mathrm{MSE}}(D, D^{(S^* \odot (\varepsilon, \delta) - \mathrm{DP})}) = \frac{1}{N} \sum_{i}^{N} (D^{(S^* \odot (\varepsilon, \delta) - \mathrm{DP})}[i] - D[i])^2 \tag{3.17}$$

式中, N 表示噪声嵌入点的总数。根据表 3.1 中的符号说明, $N = \frac{r}{bn}k = \frac{r}{k^2}k = \frac{r}{k}$。

此外, $D^{(S^* \odot (\varepsilon, \delta) - \mathrm{DP})}[i] - D[i]$ 的计算结果是为添加到特定数据集的随机噪声。所以,它的累积平方和 $\sum_{i}^{N} (D^{(S^* \odot (\varepsilon, \delta) - \mathrm{DP})}[i] - D[i])^2$ 满足与 $\Delta_2 f$ 相关数据集的高斯分布的 $N(0, \sigma^2)$。由于同一数据集的 $\Delta_2 f$ 必须相同,因此 MSE 与 r 成反比。有理由相信, r 的值越大,加噪结果数据集的不可感知性就越低。因此,加噪数据集 $D^{(S^* \odot (\varepsilon, \delta) - \mathrm{DP})}$ 在统计上是不可感知的。后续可参见 3.5.3 节中关于不可感知的详细仿真实验结果。

3.4.5 鲁棒性分析

1. 方案增强鲁棒性设计

在评估方案 PPFP 生成的可追踪的加噪聚合数据集 TND 的鲁棒性之前,先说明方案 PPFP 为增强鲁棒性所做的努力,具体如下:

(1)置换加密算法。其通过置换原始数据的位置实现加密操作。PPFP 方案通过随机选择置换密钥对指纹坐标矩阵 S^* 进行置换加密操作。

(2)随机噪声。由参数 ε 和 δ 计算生成的噪声集应为满足高斯分布的随机噪声。这意味着即使是相同的参数,最终的结果集也是不同且随机的。

(3)哈希算法。PPFP-GI 算法使用 MD5 算法来生成原始数据集 D 的消息摘要矩阵。MD5 算法可将任意长度的信息编码为 128 位的固定二进制编码,不同的输入产生不同的编码结果。

(4)非对称加密算法。利用非对称加密算法对原始数据集的哈希矩阵进行加密操作以防止在传输过程中外部恶意用户的窃取等操作。在半盲目的指纹检测中,只有合法持有解密密钥的用户或机构才能查看原始数据集的哈希矩阵。

考虑极端情况,即恶意攻击者不仅非法获得了 TND,而且还窃取了原始数据集的哈希矩阵 $\boldsymbol{H}^{*}$。然而,$\boldsymbol{H}^{*}$ 是经过非对称加密,所以攻击者若没有解密密钥很难破解,并获得正确的 $\boldsymbol{H}$。

再假设恶意攻击者通过某种方式获得了经正确解密后的哈希矩阵 $\boldsymbol{H}$,并计算出加噪数据集 D^{*} 的哈希矩阵 $\boldsymbol{H}'$。恶意攻击者整理出正确指纹序列的概率为 $1\Big/\Big(\dfrac{ls_k}{4}\Big)^{k}$,而这是一个非常小的数字。即使恶意攻击者得到了正确的指纹矩阵 $\boldsymbol{S}^{*}$,它仍然需要恢复 s 的正确二进制序列 $(\boldsymbol{S})_2$。PPFP-GI 每次都会随机选择一个新的置换密钥。即使是相同的标识性信息,每次执行都会产生不同的矩阵 $(\boldsymbol{S})_2$。为了成功恢复 s,恶意攻击者需要知道置换矩阵的大小及其内容的排列顺序。对于一个只有 4 个字母的单词,其计算出正确的置换矩阵的概率就小于 0.041 7。

2. 抵御共谋攻击分析

共谋攻击是验证数字指纹的鲁棒性最常见和最有效的攻击。它主要通过比较不同版本的数据,识别出隐藏在载体数据中的差异,从而推断出指纹信息。

假设有 N_c 个共谋用户。PPFP 方案共谋成功至少需要指纹的大小、划分到数据集的块的大小以及嵌入噪声的数据块的坐标。

首先,识别出指纹大小的概率可用 p_1 表示,其结果为:

$$p_1 = \frac{N_c}{C_r^{\frac{r}{bn}k}} = \frac{N_c}{C_r^{\frac{r}{k}}} \tag{3.18}$$

由于数据集被划分为 bn 块,因此共谋用户得到正确的 bn 和 k 的概率

$$p_2 = \frac{N_c}{C_{bn}^{k}} \tag{3.19}$$

其次,N_c 个用户确定出其各自数据集被改变了的位置坐标的概率

$$p_3 = \left(\frac{1}{2}\right)^{\frac{bn}{N_c}} \tag{3.20}$$

共谋攻击成功的概率 p 可以表示为以上三个概率的乘积,即 $p = p_1 \times p_2 \times p_3$。因为 r 非常大,所以 p 最终将会是一个非常小的数字,即 PPFP 方案共谋成功的概率很小。

3.4.6　可信性分析

巧合概率 P_C 被用来衡量数字指纹方案等的可信度。针对 PPFP 方案,P_C 与原始数据集中划分的数据块数量 bn 和指纹坐标矩阵中的列数 $ls_k/2$ 相关。PPFP 方案的巧合概

率可以理解为连续两次从 bn 个数据块中提取到相同的 $ls_k/2$ 个数据块的概率,如公式 (3.21)所示。

$$P_{\mathrm{C}} = \frac{1}{\mathrm{C}_{bn}^{ls_k/2}} \times \frac{1}{\mathrm{C}_{bn}^{ls_k/2}} = \frac{1}{(\mathrm{C}_{bn}^{ls_k/2})^2} \tag{3.21}$$

在仿真实验 3.5 节中,设定数据块为 64 个,指纹坐标矩阵为 8 列。也就是说,$bn=64$ 和 $ls_k/2=8$。巧合概率可以计算为 $P_{\mathrm{C}} = \frac{1}{(\mathrm{C}_{64}^8)^2} = \frac{1}{(4\ 426\ 165\ 368)^2}$,而这是一个非常小的数字。这也说明了本方案具有很高的可信度。

3.4.7 可行性分析

PPFP 方案中数字指纹的长度是标识性信息的 k 进制字符串长度的一半,这一设置确保了指纹长度可以保持在一个合理可控的范围内,并且易于计算。

本节重点讨论 PPFP 方案的执行时间。PPFP-GI 算法 3.4 的执行时间等同于遍历要被加噪的所有数据块中所有数据的时间。原始数据集 D 的大小用 r 表示,被遍历的数据块的数目为 $\dfrac{\dfrac{ls_k}{2} \times \dfrac{r}{bn}}{r} = \dfrac{ls_k}{2bn}$,可得出 PPFP-GI 的执行时间为 $O\left(\dfrac{ls_k}{2bn} r\right) = O(r)$。PPFP-SD 算法 3.7 的执行时间主要花费在生成待检测数据集 D^* 的哈希结果集上,所以 PPFP 方案的半盲指纹检测的执行时间可表示为 $O(r)$。

依据 3.5.1 节中的数据量和硬件条件,$420\ 768 \times 5$ 条数据的指纹生成和检测时间均小于 15 s,这是在可接受的范围内的。为了进一步说明本方案的执行时间,表 3.2 列出了相同硬件条件下不同数据量的执行时间,其中实验用到的数据量是 2×10^6。

表 3.2 PPFP 方案不同数据量的实际执行时间

数量级	嵌入时间/s	检测时间/s
10^4	0.38	0.44
10^5	0.62	1.41
10^6	2.60	8.54
2×10^6	6.71	14.97
10^7	9.20	29.26
10^8	16.24	43.54

表 3.3 比较了 PPFP 方案与其他指纹方案的执行时间。根据比较结果,本章提出的方案的执行时间是在可接受范围内的。

表 3.3　不同方案执行时间对比

方案	嵌入时间	检测时间	参数描述
PPFP	$O(n)$	$O(n)$	n 为数据集大小
[121]	$O(n)$	$O(n\log n)$	n 为可执行文件的分块数
[127]	$O(\log m\log^2 n)$	$O(\log^3 n)$	n 为密钥长度，m 为质数
[129]	$O(n^2)$	$O(n^2)$	n 为载体图像的分块大小
[132]	$O(n^2)$	$O(n^2)$	n 为数据集大小

3.4.8　可扩展性分析

PPFP 方案的设计原则是将定量的编码噪声嵌入大规模数据集的制定坐标位置中，方案重点是以数值型聚合数据集为研究对象。面对其他类型的数据对象，需满足以下的基本特性才能无碍地使用 PPFP 方案。

（1）作为噪声指纹嵌入的载体数据，数据量要尽可能大，以保证载体数据的精确度。

（2）载体数据应尽量保持为同一类型的数据，或者经变换可转换成同一类型的可嵌入数据。

（3）载体数据的数值应保证不被嵌入的二进制数值影响过大。

（4）载体数据应能转换成二维矩阵形式，以便指纹信息的嵌入。

对比上述方案基本特性和实现适用性的基本条件，按照不同数据类型的划分，对方案的适用性及可扩展性进行逐一分析，详见表 3.4。

表 3.4　PPFP 方案可扩展性讨论

数据类型	可扩展性	条件或原因
图片	是	图片数据可转换为频谱数据，进而转换成可嵌入二进制数据的二维矩阵形式
视频	是	数据量大且同图片一样可转换成易处理的二进制矩阵形式
文本	否	非结构化数据，较难转换成同一类型的数值
音频	是	对音频数据执行高频率采样可转换成二进制矩阵形式
半结构化数据	否	半结构化数据，字母及符号较难转换成规整的二维矩阵形式

由表 3.4 可知，PPFP 方案对于结构化数据能够轻松适配并扩展应用，对于部分可变换成二维矩阵形式的结构化数据也能扩展应用，但是半结构化数据，因其较难转换成较为规范的二维矩阵形式，故较难扩展应用。

3.4.9 抵抗新型攻击

随着新型技术的出现和多技术融合的发展,对数字指纹攻击已不再局限于传统的攻击方式,如今已出现了许多新型攻击方式。这些攻击可能导致合法用户被陷害,叛徒逃避检测,或者测试结果被以某种方式操纵。这里重点讨论三种新型数字指纹的攻击方式,分别为买方陷害、身份认证攻击和中间人攻击。

买方防陷害指的是攻击者可以通过诸如篡改非法传输的数据,可能将诚实的用户陷害为叛徒的攻击。然而,由于 PPFP 方案嵌入数据中的噪声是根据隐私参数随机产生的,任何人都不可能提前知道嵌入的噪声数据,因此也很难恢复出原始数据集,更不用说进一步在其中编造出非法或恶意的指纹数据。

身份认证攻击是指攻击者冒充系统用户,包括仲裁员和合法用户,以控制检测结果或逃避检测。但是,PPFP 方案中即使是仲裁员也只能访问原始数据集的哈希结果,即使其充当中间人,也无法获得原始数据集,从而无法影响检测结果。

中间人攻击是指攻击者在检测机构和非法媒体之间充当中间人,操纵检测结果。然而,在 PPFP 方案中,中间检测的功能是比较不同数据集的哈希结果。也就是说,中间人只能访问得到哈希矩阵,而不是具体的数据集。所以在投诉或二次检查的情况下,攻击很容易被破解。

3.5 仿真与结果分析

3.5.1 仿真准备

本方案的仿真数据是来自 UCI 机器学习资源库网站中北京市环境监测中心的真实数据样本"北京多站点空气质量数据集"和真实心脏病数据集样本[130]。其中第一个数据集包括来自 12 个受控空气质量监测点的每小时空气污染物数据,记录的时间是从 2013 年 3 月 1 日到 2017 年 2 月 28 日。数据集中缺失的记录用"NA"表示。第二个数据集来自美国的真实病例,其中包含 76 个属性,共计 926 条记录。

为保证实验的可行性,在不失一般性的情况下,第一个数据库中提取了五列属性数据,分别为"$PM_{2.5}$""PM_{10}""SO_2""CO"和"NO_2",将其作为仿真的实验数据。整个实验数据共有 420 768 条记录。通过复制数据表的方式将第二个该样本记录均扩展到 420 768 条。假设所有的数据均放在一个表中,且它们都是数值型数据。

此外,PPFP 方案依旧选择精确到秒的时间来作为标识性信息。所有算法的实现和随后的测试性实验也均是在 Microsoft Windows 7 上使用 MATLAB 平台实现的,有些任务会调用 Java 函数。为了执行实验时清晰明了,表 3.5 列出了仿真实验中使用到的关键参数的值和相关描述。

表 3.5 PPFP 方案仿真实验中关键参数取值和描述

符号	描述	值	使用阶段
s	当前时间	形如"20210701212056"的字符串	指纹坐标生成
r	D 的大小	420 768×5	DP 噪声集嵌入
bn	D 被划分的数据块数目	64	DP 噪声集嵌入
k	基数且有 $k=\sqrt{bn}$	8	DP 噪声集嵌入
ls_k	k 进制矩阵 $(S)_k$ 的大小	16	指纹坐标生成
κ_1	置换加密算法的置换密钥(单词形式)	形如"down"	指纹坐标生成
ε	差分隐私参数——隐私预算	$[0.5,1]$	DP 噪声集嵌入
δ	差分隐私参数	$[10^{-5},1]$	DP 噪声集嵌入

3.5.2 方案实施和结果

PPFP 方案半盲指纹检测算法的部分步骤与坐标指纹生成和噪声嵌入算法对应的内容相同或逆向。因此,重点描述坐标指纹生成和噪声嵌入算法 PPFP-GI 的仿真实施细节,此外,对于半盲指纹检测算法 PPFP-SD 的特殊步骤也会做出说明。

函数 embed_GetBinseed(·)用于获取当前时间并将其二进制形式放入一维矩阵。函数 embed_GetCoordinate(·)将矩阵转换为 2 行 n 列的八进制坐标指纹矩阵 S^*。

函数 getData(·)从原始数据集中提取 5 列数值型目标载体数据,并将其放入一个名为 $Originaldata$ 的矩阵中,$Originaldata$ 随后被均匀地划分为一个 8×8 个数据块的方阵形式的单位数组 $OriginalCell$。

将 $OriginalCell$、ε 和 δ 作为参数共同代入函数 embed_ComputeSigmaMat(·)中用于计算 DP 高斯机制的参数 σ 的取值范围,并生成 σ 取值矩阵。

函数 embed_NoiseToOD(·)利用 σ 矩阵中不同的 σ 值,借助 DP 高斯机制依次生成符合不同分布特性的高斯噪声集,最终再将这些噪声集作为加性噪声依次插入 $OriginalCell$ 的不同坐标的原始数据块中,而这些不同坐标使用的是函数 embed_GetCoordinate(·)生成的坐标指纹矩阵 S^* 不同列的数值。

此外,函数 embed_GetTotalODHash(·)计算原始数据集的哈希值并将其存储在矩阵 H 中,以便后续可能的半盲指纹检测。坐标指纹生成和噪声嵌入算法 PPFP-GI 的仿真实现流程图如图 3.5(a)所示。

函数 detect_GetNDHash(ND)计算待检测数据集矩阵 $\{D^*\}_{8\times8}$ 中每个数据块的哈希值,并将它们存储在 64×32 的字符型矩阵 H^* 中。函数 detect_compareHash(·)用于比较原始数据集的哈希矩阵 H 和 H^*,并将内容不同的位置坐标记录在矩阵 S^* 中。

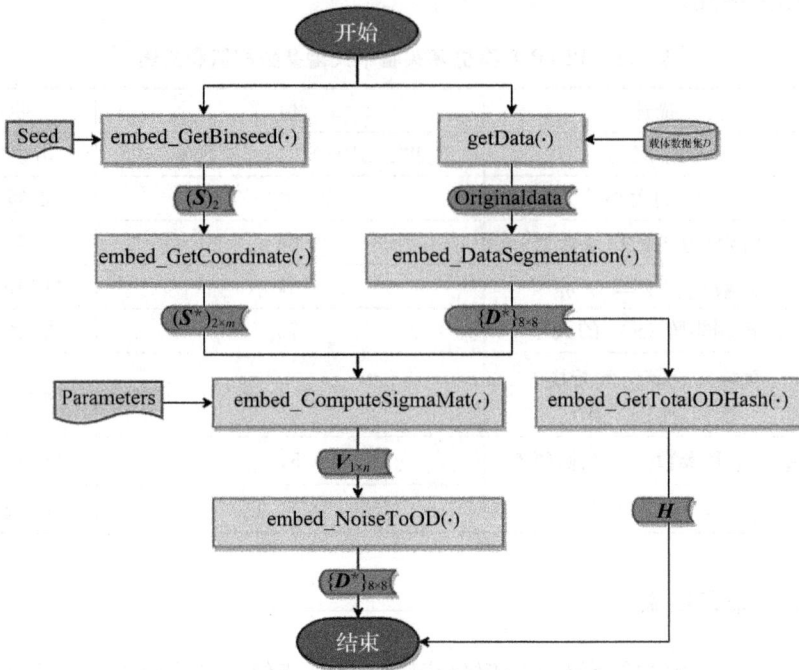

（a）指纹坐标生成和噪声嵌入仿真流程

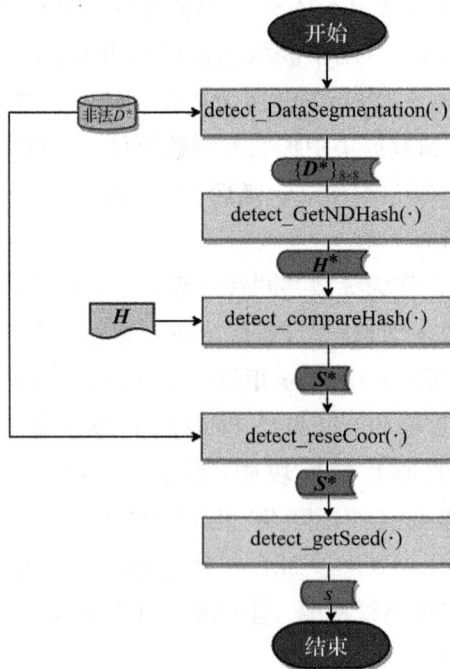

（b）半盲指纹检测仿真流程

图 3.5　PPFP 方案仿真流程

值得注意的是,此时的坐标矩阵 S^* 是无序的。函数 detect_resetCoor(·)用于拟合出 $\{D^*\}_{8\times8}$ 中对应数据块的方差,然后根据方差值的大小重排矩阵 S^*。 此时,S^* 的前 k 列即为所需的指纹坐标。最后,计算出 S^* 对应的标识性信息 s。 半盲指纹检测算法 PPFP-SD 的仿真实现的流程如图 3.5(b)所示。

3.5.3　可用性对比实验

仿真结果表明,PPFP 方案可以成功地嵌入和提取正确的标识性信息,仿真实验中的标识性信息特指精确到秒的时间。接下来,根据 3.4.1 节中描述的性能指标和仿真结果来评估 PPFP 方案的性能。

图 3.6—图 3.9 分别从不同的角度展现了 PPFP 方案生成的结果集 TND 的可用性。其中图 3.6 和图 3.7 用两种表示形式比较了原始数据集 D 和可追踪的加噪数据集 TND 之间的整体数据的分布对比;图 3.8 和图 3.9 从不同角度比较了原始数据集和加噪数据集中指纹坐标所对应的 8 组数据块的数据分布。图 3.8 从统计概率角度比较了 8 组数据块之间的数据分布差异,而图 3.9 则侧重比较诸如平均值和方差等数据块之间的关键值的差异。

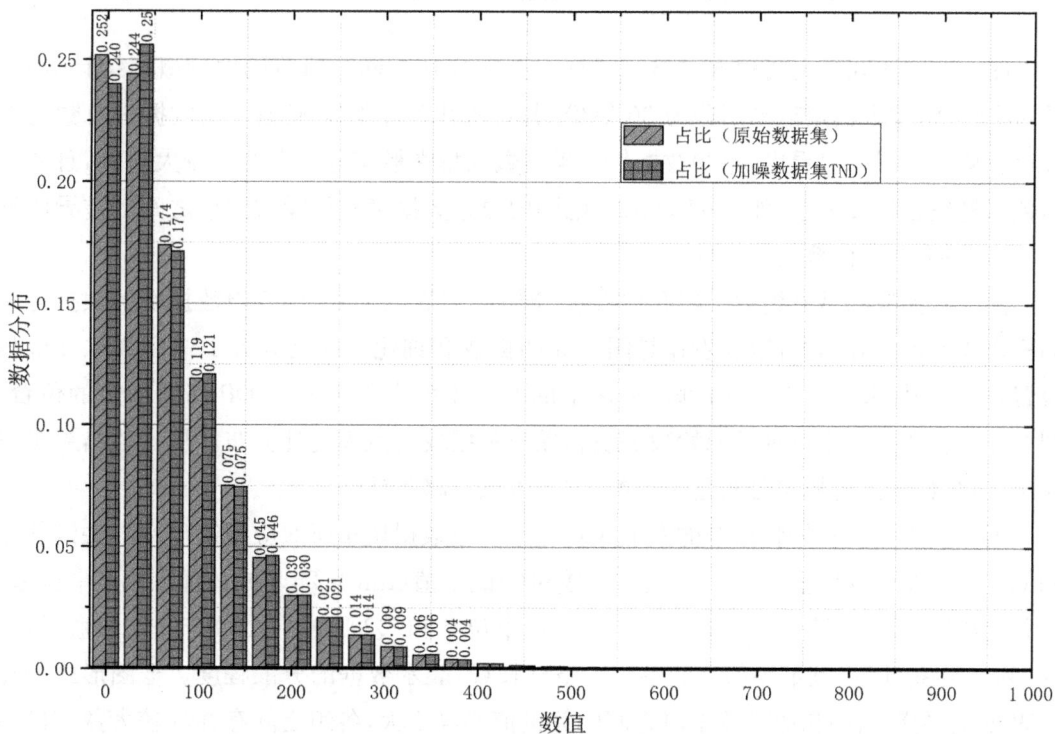

图 3.6　原始数据集和加噪数据集 TND 的概率柱状分布对比

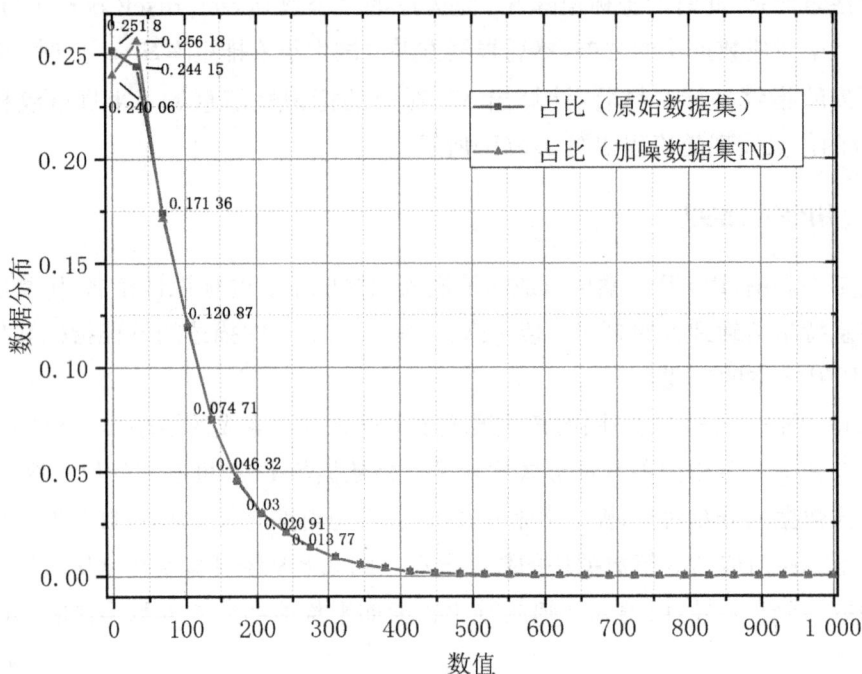

图 3.7　原始数据集和加噪数据集 TND 的概率点线分布对比

图 3.6 和图 3.7 用两种方式显示了整个数据集在不同数值范围内的概率统计分布。针对实验,将整个数据范围划分为 30 等份,并计算出每个数据范围内的数据占总数的百分比。从柱状图可以看出,原始数据集和噪声数据集在概率分布上并无较大差别,且差异与数据量呈正相关关系,如 0~100 取值范围内原始数据集和加噪数据集之间的差异明显大于 500~600 取值范围的差异。

图 3.8 比较的是原始数据集和加噪数据集中指纹坐标对应的 8 组数据块的数据分布的概率统计的差异,它可以被看作是图 3.6 的提取和细化。根据 3.5.1 节和 3.5.2 节的设置,指纹坐标最终以 64 个数据块分区中的 8 个坐标点作为嵌入 DP 高斯噪声的位置。图 3.8 比较了这 8 个位置的原始数据块和噪声数据块的概率统计分布。从比较结果可以看出,两个数据集的概率分布是一致的,差异可以忽略不计。

图 3.9 以盒状和杆状组合的图形式对比了 8 组数据块集所对应指纹坐标的关键值之间的差异。图 3.9 中显示了 8 组数据块成对的最小值(min)、25%处数值(Q1)、中位数、75%处数值(Q3)和最大值(max)。其中,Q1、中位数和 Q3 形成一个带有隔间的盒子,在 Q3 到最大值和 Q1 到最小值之间各有一条延长线,表示数据的分散程度。框图形式的比较表明,原始数据块和加噪数据块之间的关键值差异不大,各组之间存在的较大数值的差异是一种合理现象。

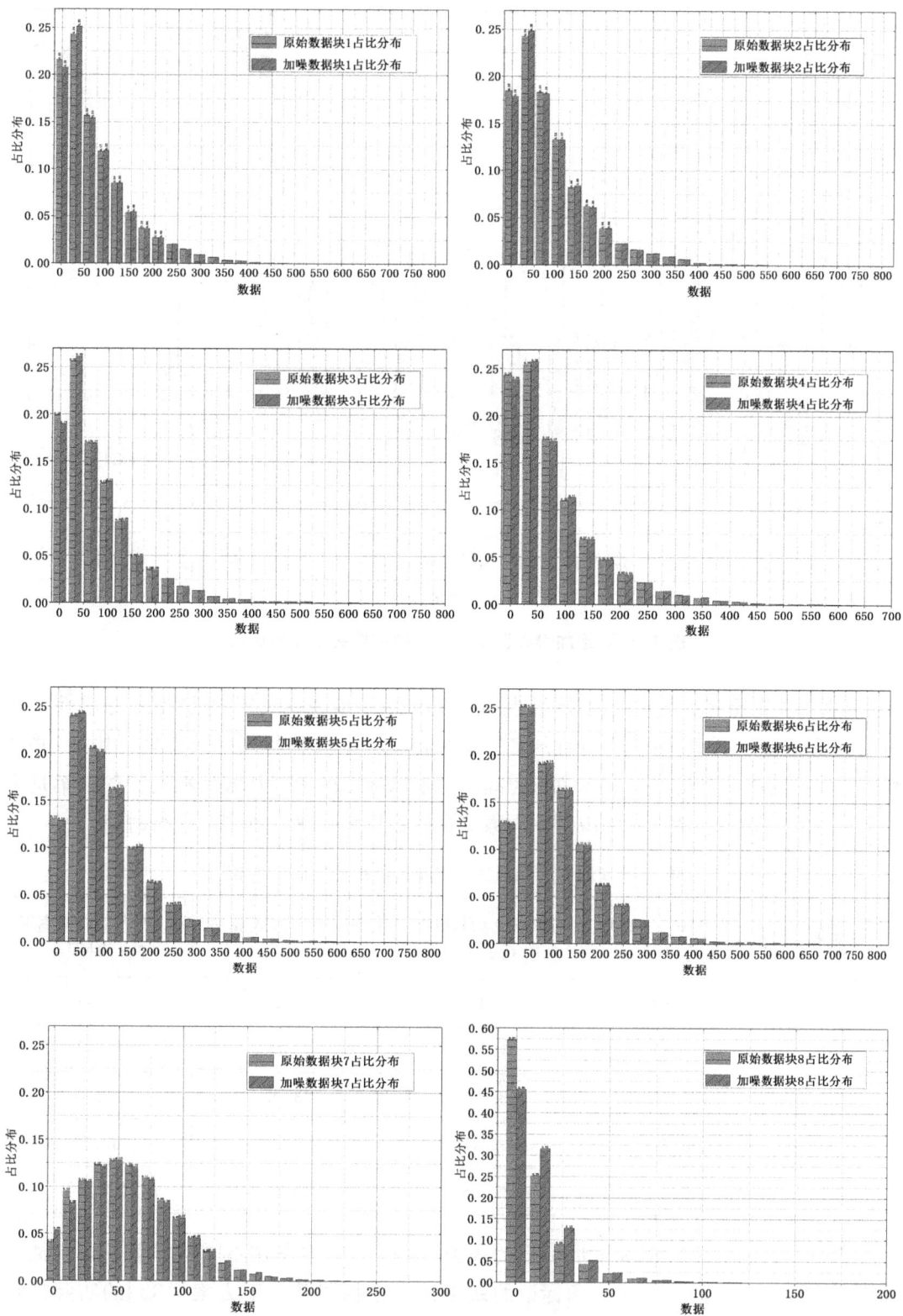

图 3.8　8 组加噪数据块和原始数据块的统计概率比较

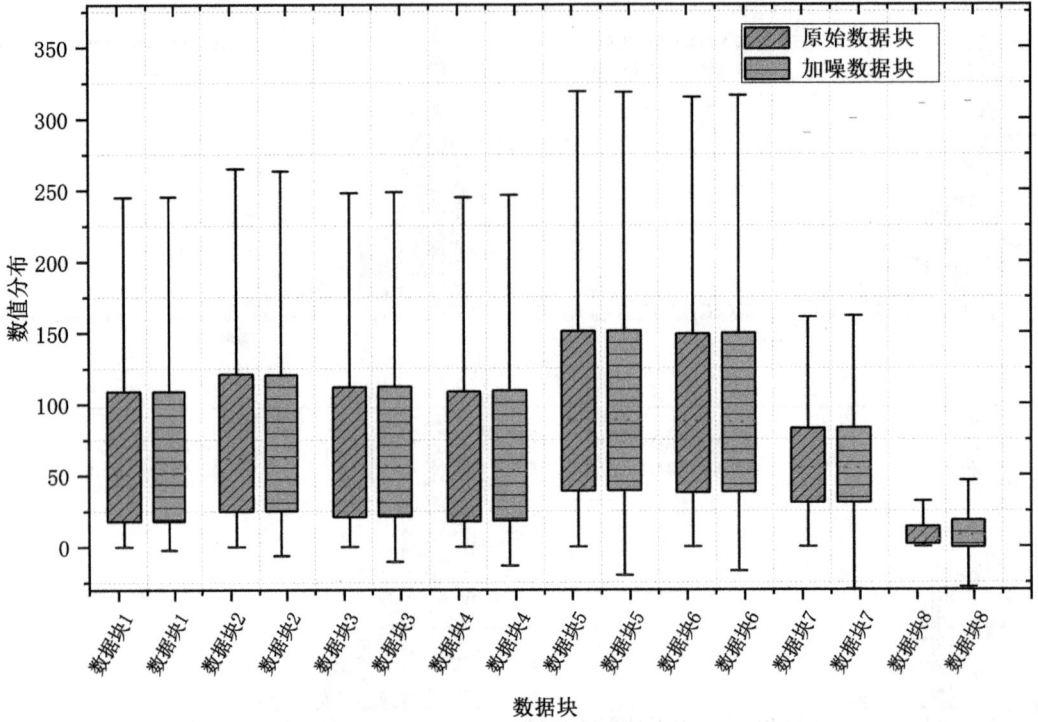

图 3.9　8 组加噪数据块和原始数据块关键值的比较

此外,本节计算并比较了实际执行时间,以进一步说明 PPFP 方案的可用性。如图 3.10 和表 3.6 所示,两个不同的方案分别在相同的条件和相同的数据集下执行,并计算了它们指纹嵌入和检测的实际执行时间。与本章提出的 PPFP 方案相比较的方案是来自文献[132]的方案,仿真实验应用不同数据量的数据集来显示不同的执行时间。

表 3.6　PPFP 方案与类似方案实际执行时间的比较

数据量	PPFP 嵌入算法执行时间/s	PPFP 检测算法执行时间/s	[132]方案嵌入算法执行时间/s	[132]方案检测算法执行时间/s
10^4	0.38	0.44	2.41	0.69
10^5	0.62	1.41	11.84	3.32
10^6	2.60	8.54	103.07	26.97
2×10^6	6.71	14.97	198.82	39.79
10^7	9.20	29.26	580.50	210.46

其中,图 3.10 中方形和圆形标记的线条代表 PPFP 方案在不同数据量下指纹插入和检测实际执行时间。上下三角标记的线条代表在相同条件下方案[132]的实际执行时间。

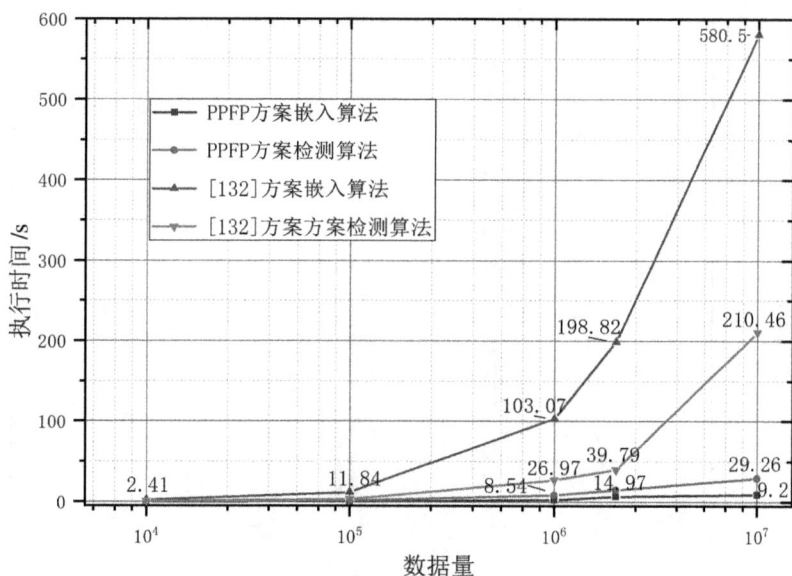

图 3.10 类似方案的实际执行时间的比较

由图 3.10 和表 3.6 可以看出,不管是指纹嵌入还是检测时间,本方案的实际执行时间都比方案[132]所用的时间短。两个方案的实际执行时间都会随着数据的增加而增加,然而,本方案的增长远远低于方案[132]。

3.5.4 鲁棒性实验和分析

鲁棒性描述了数字指纹经数据处理操作后的生存能力。基于 PPFP 方案的高随机性和哈希验证的特点,将重点研究以跳跃的方式随机删除、插入和修改部分数据对检测结果的影响。其中,以不连续的方式随机修改数据后检测结果的准确率在逻辑上与随机删除是一致的,所以此处不再讨论随机修改攻击。因此,仿真实验重点检测删除或嵌入的随机数据量与指纹检测的准确性之间的关系。

图 3.11(a)显示了随机删除不同数量数据后的指纹正确识别率(Correct Recognition Rate,CRR)。图 3.11(b)显示了删除不同数量的数据前后 CRR 的平均值和方差之间的关系。而图 3.12(a)和图 3.12(b)显示了随机嵌入数据的相关结果。

删除数据攻击的实验是以递增的形式来删除数据。从 TND 中随机选择 2^n 个数据,其中 $n=0,1,2,\cdots,20$。 TND 的初始大小为 $r=420\,768\times5$。 根据算法 3.4,高斯机制应该产生 $(r/64)\times8=420\,768\times5/8$ 的随机噪声嵌入原始数据集的特定指纹坐标处。

因为高斯机制所产生的噪声集是随机的,所以每次得到的加噪数据集 TND 也是不同的。仿真实验要删除的 2^n 个数据也是随机选择的。对每个删除 2^n 个数据的实验分别执行 50 次,以观察其普适性规律。

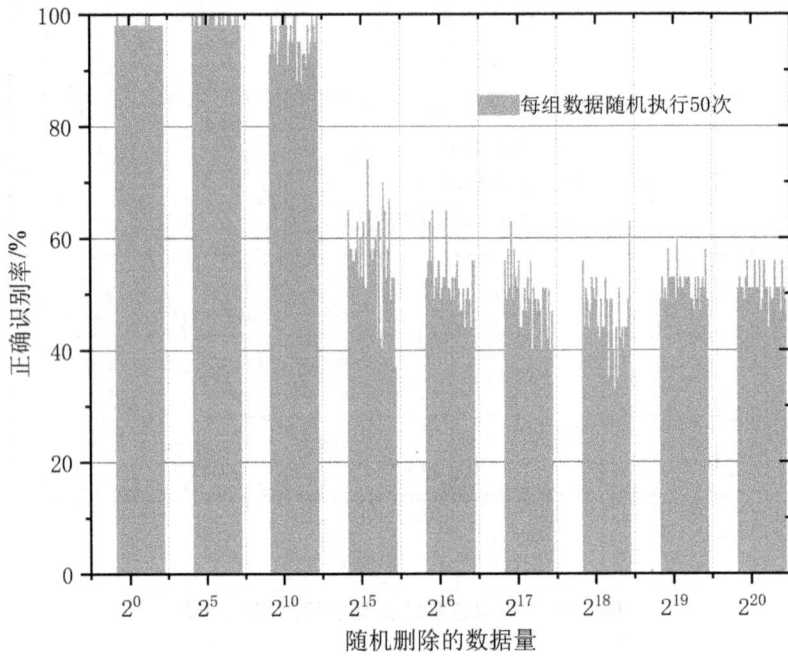

（a）删除数据量和指纹 CRR 关系

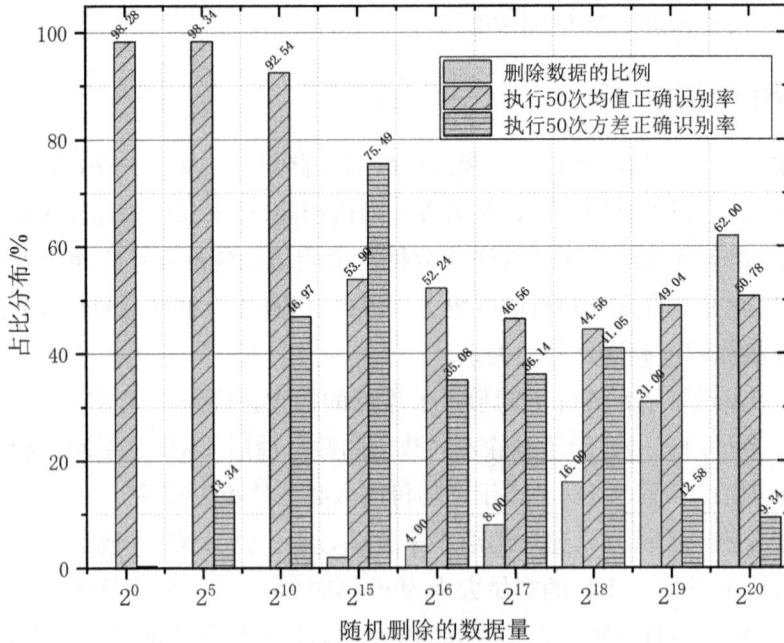

（b）删除数据关键参数比较

图 3.11　PPFP 方案删除攻击实验参数对比

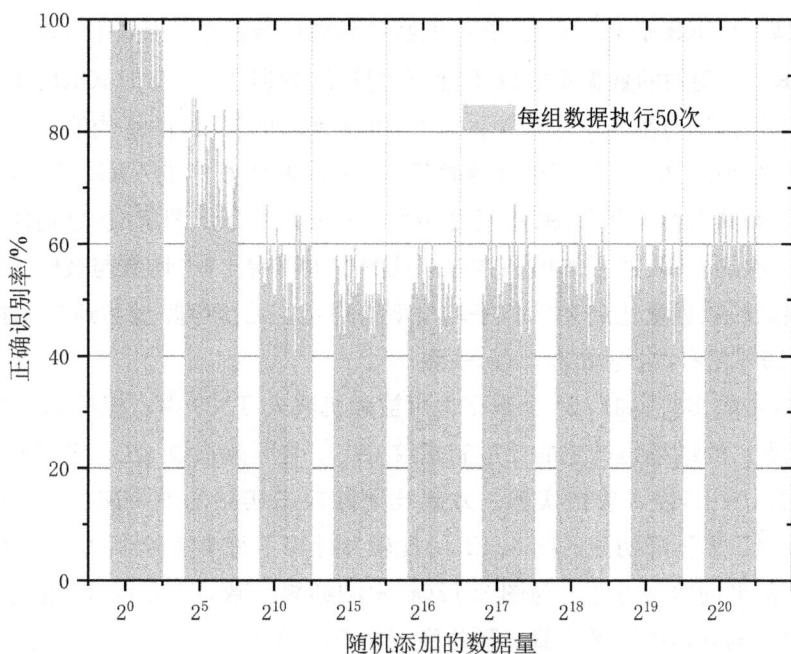

（a）嵌入数据量和指纹 CRR 关系

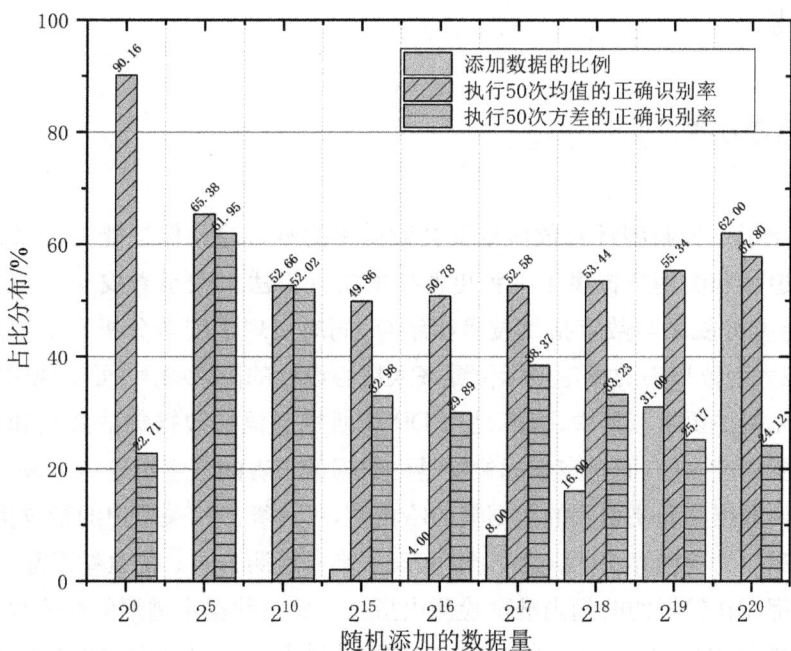

（b）嵌入数据关键参数比较

图 3.12   PPFP 方案嵌入攻击实验参数对比

在删除 2^n 个数据后,计算出二进制指纹 $(S_D)_2$。随后将 $(S_D)_2$ 与 $(S)_2$ 逐位比较,删除 2^n 个数据后的 CRR 是 $(S_D)_2$ 和 $(S)_2$ 的数值相同位数占总位数的比率。图 3.11(a) 的结果显示,CRR 与删除的数据量成反比,且当删除的数据达到 2^{15} 时,CRR 明显下降。图 3.11(b) 比较并计算了删除 2^n 个数据的执行 50 次实验的 CRR 的平均值和方差。

为了更清楚地表达 CRR,依次计算每组 50 个数据所对应的 CRR 的平均值和方差。如图 3.11 所示,共有 9 组条形图,每组由 3 个紧密相连的条形图组成,分别代表删除的数据量、执行 50 次的 CRR 的平均值和方差。从图中可以看出,平均数与被删除的数据量成反比,当被删除的数据量达到 2^{15} 时,平均值变得稳定。而当删除量达到 2^{15} 时,CRR 的平均值稳定在 50% 左右,这与图 3.11(a) 一致。

与删除攻击的实验类似,2^n 个数据也可被随机嵌入 TND 中。根据算法 3.7,可比较由 2^n 个随机数据的结果集产生的二进制指纹 $(S_I)_2$ 与原始指纹 $(S)_2$ 之间的一致性。由图 3.12(a) 可以看出,嵌入攻击实验的效果比删除攻击实验的效果略差。当嵌入的数据量达到 2^{10} 时,CRR 下降明显。图 3.12(b) 比较并计算了每个实验中插入 2^n 个数据的 50 次 CRR 执行的平均值和方差。与图 3.12(a) 中的结果一致,图 3.12(b) 说明了当嵌入的数据量达到 2^{10} 时,CRR 的平均值下降并稳定在 50% 左右。

从实验结果和上述分析可以得出结论,本方案具有很强的鲁棒性。PPFP 方案针对的是数值型聚合数据,而无论攻击简单与否,鲁棒性攻击基本上就是对数据集的添加、修改和删除攻击。

3.6　本章小结

本章提出了一种新型针对数值型聚合数据集的具备隐私保护能力的半盲指纹方案 (PPFP),为追踪非法用户提供了一种更便捷的实现方法。秉承着安全与功能融合的思想,该方案将差分隐私与数字指纹技术相结合,同时实现了安全分析和追踪功能。具体来说,通过在大型数据集的指定坐标位置嵌入精心设计的高斯噪声,可实现对用户及其敏感信息的隐私保护要求。其中,噪声是由 DP 高斯机制根据数据集的属性和数据请求者的隐私保护要求产生的,而指定坐标位置是由数据请求者的数字指纹信息决定的。此外,通过比较原始数据集和要检测的数据集的哈希值,可计算出相关用户的指纹信息,不再需要原始数据集作为检测算法的参考数据,实现了半盲检测方式。仿真结果显示,未修改的数据集每次都能在较短的时间内准确检测出指纹。而当数据集遭遇的修改攻击的数据量小于 2^{15} 时,指纹识别率高于 50%。分析和实验结果表明,PPFP 方案生成的结果集 TND 具备高可用性和强隐私保护特性,对诸如共谋和鲁棒性攻击等基本的指纹攻击具有免疫力。

　　然而,本章的研究也有一定的局限性。该方案当前只适用于数值型聚合数据,对于非数值型数据目前还不适用。在未来,指数机制可用于实现对离散数据的安全追踪。此外,该方案的鲁棒性还取决于数据块的最终数量,这阻碍了该方案的实际应用,降低了安全性。综合来看,未来仍面临许多挑战。

第 4 章

可追踪的隐私增强型机器学习分类器

4.1　引言

本章是第 2 章和第 3 章方案基本思想的实际应用,主要是将噪声数据和标识性信息关联以实现差分隐私和数字指纹技术的融合,最终针对数值型载体数据同时实现隐私保护和追踪功能。而本节的实际应用案例不是简单地将 PTNF-DP 方案或 PPFP 方案套用在不同场景中,而是结合机器学习相关训练算法设计具备可追踪的隐私增强型机器学习分类器,以期该分类器在能计算出较为准确的分类结果的基础上,实现对训练集的隐私保护和对训练设备的追踪定位功能。

目前各种机器学习算法的不断成熟和优化,使得数据挖掘[139]、个性化推荐[140]、自然语言处理[141]等领域均取得突破进展。机器学习是通过训练大量数据来不断发现新的群体范围的模式。然而,这些训练数据往往包含敏感信息,如个人财务、医疗记录、上网日志、企业收益等[142-143]。

在机器学习训练过程中,如何隐私地从包含敏感信息的数据中学习到有用的知识这一问题,受到了越来越多的关注。为了应对这一问题,研究人员最先想到的是将训练数据匿名化,然而经实验验证后,只需将标识字段之外的信息和其他公开数据集结合就可重新定位到个人[144]。

在此基础上,许多用于机器学习的隐私保护方案被相继提出。这些方案期望在保证机器学习结果准确性的同时保护训练数据集的隐私。依据方案中使用的隐私保护技术,可以将这些方案大致分为两类:基于同态加密的机器学习隐私保护技术和基于差分隐私的机器学习隐私保护技术。其中,前者是在预测结果前先对测试集加密再进行结果预测,最终用户得到的也是加密后的预测结果。但是,现有的机器学习中使用基于同态加密的机器学习保护隐私技术的方案普遍存在解密识别精度有待提高、计算资源消耗过大等问题。

DP 一直被认为是解决大数据隐私保护问题的有力途径。基于 DP 的机器学习隐私保护方案是在训练和预测过程中向训练集、训练参数和预测结果中引入适量噪声以实现隐私保护。最原始的基于 DP 的机器学习隐私保护方案是向训练集中引入拉普拉斯机制生成的噪声,但这种方式为实现隐私保护功效会添加过多的噪声,从而严重影响学习算法的最终效果。

　　本章研究的重点是在现有的基于差分隐私的机器学习隐私保护方案的基础上向其增加追踪功能。换句话说,本章期望为训练数据集提供隐私保护的同时追踪定位训练设备。这样做的目的是当一个有争议的训练模型出现时,可以通过具体的分析和测试确定相关的训练设备。通过对现有追踪技术的分析,将差分隐私与数字指纹相结合,可以实现机器学习模型的隐私保护和追踪功能。

　　本章尝试提出可追踪的隐私增强型机器学习分类器。在训练过程中,为保护训练数据集的隐私信息,该分类器将满足特定隐私保护强度的 DP 噪声嵌入训练集中。同时,利用训练设备的识别信息对训练集中嵌入噪声的坐标位置进行编码。也就是说,分类器在训练集的不同位置嵌入不同数量的高斯噪声,以实现隐私保护和追踪功能。

　　本章的组织安排如下:4.2 节给出了相关的差分隐私和机器学习背景知识;4.3 节介绍了分类器的核心思想,说明本章方案的拟解决的问题及理论依据,并给出算法和详细的描述;4.4 节用真实数据对分类器进行了仿真;结合仿真结果,4.5 节对分类器的可行性、隐私性和可追溯性等进行了分析;最后,4.6 节对方案进行了总结。

4.2　机器学习隐私计算背景知识介绍

4.2.1　机器学习与分类器

　　机器学习是人工智能领域重要的研究内容之一,其执行过程就是通过对大量的数据进行训练并建模,模型经训练后能够学习到数据的规律,可再对新输入的数据进行分类或预测。按照数据学习模式的不同,可将机器学习分为监督学习、半监督学习、无监督学习和强化学习。

　　(1)监督学习(Supervised Learning)。其利用有标签的训练数据学习模型,随后依据训练的模型对新输入的数据预测其标签,主要用于预测回归和分类结果。

　　(2)半监督学习(Semi-Supervised Learning)。其用于训练的数据是少量的有标签数据和大量的无标签数据。

　　(3)无监督学习(Unsupervised Learning)。其尝试从无标签的数据中寻找隐含规律的过程,主要用于关联分析、聚类和降维。

　　(4)强化学习(Reinforcement Learning)。其不进行样本训练,通过不断试错进行学习,常用于机器人避障、棋牌游戏、广告和推荐等。

　　其中,监督学习是将现实问题抽象成数学问题,再利用历史数据对模型进行训练,然后基于该模型对新数据进行求解,最终将结果转换成现实问题的答案。机器学习可将问题抽象为:分类问题和回归问题。若问题最终预测的变量是离散的,则称为分类问题;若其是连续的,则称为回归问题。

历史数据实施训练时,通常会被划分成3个部分:训练集(占比60%)、验证集(占比20%)和测试集(占比20%),其中,验证集和测试集的作用是验证和评估模型。依据实际情况可酌情省略验证集,而此时,测试集的占比可提升至40%。

常见的监督学习的分类算法有朴素贝叶斯、决策树、支持向量机、逻辑回归、K邻近、Adaboost、神经网络等,也可称为分类器。准确率(Accuracy)用来衡量算法预测结果的准确程度。针对一个确定的测试数据集,准确率的值为分类器正确分类的样本数与总样本数之比。

分类是一个典型的机器学习问题。在人工智能领域,分类器通常是为了实现智能分类而设计的。分类器利用给定的类别和已知的训练数据学习分类规则,然后对未知数据进行分类或预测,即利用训练数据预测后续未分类数据的分类结果。最基本的分类问题是二元分类,通常可以用逻辑回归来解决。对于多分类问题,需要多个二分类形成集成分类,可以用逻辑回归、支持向量机或Softmax函数进行求解。

差分隐私机器学习算法用于保护训练数据集的隐私性,其主要控制和衡量隐私机制的加入对训练数据集和训练结果的影响。在机器学习中,差分隐私有两种基本实现方法:一是在现有优化算法的执行过程中添加噪声,二是干扰优化问题的目标函数。Adabi等[145]提出的随机梯度下降(Stochastic Gradient Descent,SGD)隐私优化算法是第一种方法的代表。该算法通过对带有高斯噪声的梯度进行扰动来保护训练数据集。Phan等[102]设计了一种基于拉普拉斯的深度隐私自编码器算法,其在训练过程中干扰传统自动编码器目标函数中的关键参数,这是第二种方法的代表。然而无论采用何种方法,噪声的引入都会不可避免地降低模型的精度。因此,在基于差分隐私的机器学习中,平衡隐私性和可用性是一个热门的研究课题。Phan等[102]在数据重构过程中对目标函数加入了差分隐私噪声。Xie等[146]将差分隐私引入生成式对抗网络,与隐私SGD相比降低了噪声量。Kasiviswanathan等[56]提出了一种有限概念类的通用PAC学习方法来实现差分私有组合优化。Dwork等[33]提出了输出扰动分类器,它通过在释放函数之前向其输出添加噪声使算法差分私有。在此基础上,Chaudhuri等[100]进一步提出了目标扰动分类器,在对空间分类器进行优化之前,在目标函数中加入噪声。

在分类任务中,各指标的计算基础都来自对正负样本的分类结果,其中P和N代表预测出来的分类,分别为正类和负类,T和F代表样本实际的分类与预测是一样的还是不一样的。

(1)TP:将实际的正例预测为正例的个数。

(2)TN:将实际的负例预测为负例的个数。

(3)FN:将实际的正例预测为负例的个数。

(4)FP:将实际的负例预测为正例的个数。

所以在分类问题中,上述精确度可表示为:

$$Accuracy = \frac{TP + TN}{TP + FN + FP + TN} \tag{4.1}$$

此外,准确率(Precision)、召回率(Recall)、$F1$ 值可分别表示为:

$$Precision = \frac{TP}{TP + FP} \tag{4.2}$$

$$Recall = \frac{TP}{TP + FN} \tag{4.3}$$

$$F1 = \frac{2TP}{2TP + FP + FN} \tag{4.4}$$

4.2.2　机器学习隐私计算

可采用 Privacy Loss[30] 和 Moments Accountant[17] 来分析和追踪训练过程中的隐私预算。Privacy Loss 是依赖加入算法中的随机扰动的变量。

定义 10　Privacy Loss[30]　对于相邻数据库 $d, d' \in D^n$,随机机制 $M: D \to \Re$,辅助输入 aux 和输出 $o \in \Re$ 在 o 处的 Privacy Loss 可定义为:

$$c(o; M, aux, d, d') \triangleq \log \frac{\Pr[M(aux, d) = o]}{\Pr[M(aux, d') = o]} \tag{4.5}$$

在差分隐私深度学习中,算法的每一步都需要计算隐私损失,并通过累积来约束算法的整体隐私损失,这可以由隐私会计来执行。一般的,第 k 个机制 M_k 的辅助输入是前面所有机制的输出。为了更好地计算隐私成本,使用 Moments Accountant 来实现。

定义 11　Moments Accountant[17]　对于相邻数据库 $d, d' \in D^n$,随机机制 $M: D \to \Re$,辅助输入 aux。Moments Accountant 可定义为:

$$\alpha_M(\lambda) \triangleq \max aux, d, d' \alpha_M(\lambda; aux, d, d') \tag{4.6}$$

式中,$\alpha_M(\lambda; aux, d, d') \triangleq \log E[\exp(\lambda c(o; M, aux, d, d'))]$ 是 Privacy Loss 随机变量的距生成函数。

4.3　可追踪的隐私增强型机器学习分类器

4.3.1　系统模型

本节的目标是将差分隐私和数字指纹融合到机器学习模型的训练过程中,提出一种可追踪的隐私增强型机器学习分类器。其可保证训练集的隐私性，并可根据检测结果定位有争议的训练设备。

该方案以计算设备众多、数据交互复杂的云环境为背景。在云计算中，必然有不止一台用于机器学习训练的智能计算设备。在众多智能学习设备中，如何以最小的计算成本和时间来确定有争议的设备是值得研究的问题。如图 4.1 所示，本方案假设不同的智能计算设备通过训练不同的训练集为不同的用户提供服务。

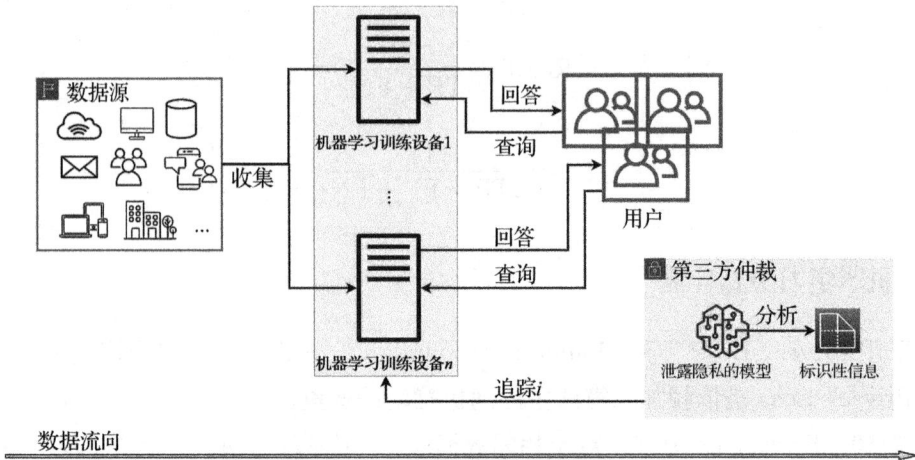

图 4.1　云环境下运行环境模型

从图 4.1 中可以看出，在云环境中智能计算设备依据用户的查询需求从数据源中获取训练数据，并依据用户的需求得到训练结果并反馈给用户。在训练数据时，将数据集划分成等量的数据块，并对特定的数据块采用基于差分隐私的分类器训练。而这些特定的位置是由训练设备的标识性信息编码而成的，一旦在云中发现有争议的训练模型或者数据，可通过测试集训练得到的精确度锁定对应的计算设备。

4.3.2　拟解决的问题及理论依据

本章所提的方法是对第 2 章和第 3 章方法基本思想的深度应用，且方法需结合机器学习训练算法和云环境下多训练节点的运行背景。针对在不同机器学习训练设备和训练模型，最终可得到训练结果精确度不同的训练结果。以此为基础，在保证训练集的隐私性和高精确度的基础上，实现对非法传播的叛徒训练节点的追踪功能是本章关注的重点。因此本章在实现第 3 章的所有功能基础上，还需考虑机器学习训练过程这一特殊的背景环境。因此，本章拟解决的关键问题总结如下：

（1）本章提出的方法应能在训练结果或者模型中体现出训练节点的标识性信息。

（2）本章提出的方法应能保证训练数据集的强隐私性和训练结果的高精确度。

（3）本章提出的方法应能在训练过程中同步实现隐私噪声和标识性信息的嵌入。

依据上述对系统运行环境、系统模型及拟解决的关键问题的描述,本章所提出的方法应着重实现机器学习、差分隐私和数字指纹的有机结合。且这种结合不应是技术在时间维度的简单叠加,而应是在关键步骤关联技术的核心参数,同步实现对训练数据集的隐私增强可追踪性。

当前针对机器学习的训练数据集的隐私保护的研究已有一定的研究成果,但是在训练过程中引入对数字指纹的同步嵌入还鲜少有研究。参照第 2 章中针对差分隐私和数字指纹技术的融合理论依据的分析,本章需结合机器学习隐私保护相关算法和第 2 章、第 3 章方法基本思想实现可追踪的隐私增强型机器学习分类器方案。

4.3.3　方案概述

方案的目的是设计一个能够同时实现隐私保护和追踪功能的分类器方案。图 4.2 显示了智能设备从训练数据到追踪设备的全部流程。智能训练设备从原始数据集中获取格式化训练集,并进行迭代训练。格式化训练集被分成 $k \times k$ 个大小相等的数据块。将训练设备的识别信息编码为相应的二维坐标点,这些坐标点一一对应这些数据块。

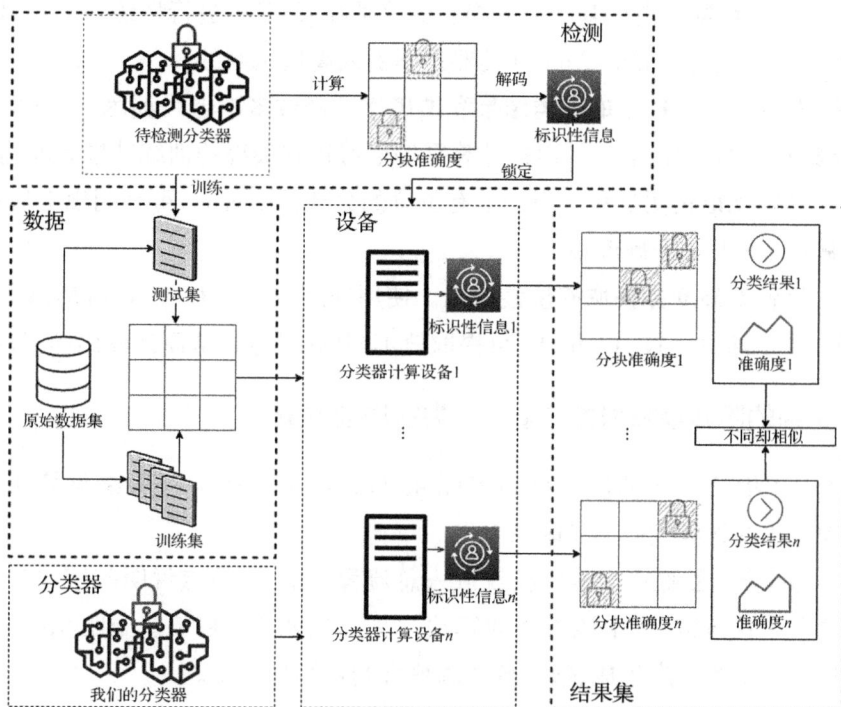

图 4.2　基于差分隐私的可追踪型分类器的系统模型

分类器方案包括两种基本的分类器,分别是通用分类器 $C\text{-}G$ 和基于差分隐私的分类器 $C\text{-}DP$。在训练过程中,特定位置的数据块使用 $C\text{-}DP$ 进行训练。其他数据块使用通用分类器 $C\text{-}G$ 进行训练,具体执行流程详见算法 4.2。其中通用分类器 $C\text{-}G$ 可为已有的诸如朴素贝叶斯、决策树、支持向量机、逻辑回归、K 邻近等分类器。而基于差分隐私的分类器 C-DP 是由依据特定的算法实现的,可参见算法 4.1,也可向通用分类器 C-G 训练算法中引入参数可调的 DP 机制实现。

这样,针对同一个训练数据集的训练结果中包含两类准确度结果,不同的分类器得到的是不同的精度集和相似的训练结果。在检测过程中,通过对归一化测试集进行再训练,可计算出关联训练设备的识别信息。接下来对分类器方案的各阶段分别说明。

阶段 1:对数据集进行分区和规范化。将原始数据集按照 4∶1 的比例分为训练集和测试集。将训练集 Tr 和测试集 Te 排列成一个方阵,其中包含 $k \times k$ 个大小相等的数据块。这些块聚合成大型数据集,其行和列均按从 0 到 $k-1$ 的顺序标记。

阶段 2:编码标识性信息。将二进制标识信息转换为 k 进制,再将其转换为 n 行 2 列矩阵 S。矩阵 S 中的每一行依次被用于定位 $k \times k$ 训练集中的数据块的位置。

阶段 3:生成基于差分隐私的分类器 C-DP。根据数据集特征和隐私保护需求确定隐私参数 ε、δ 和灵敏度 $\Delta_2 f$。根据隐私参数和高斯机制生成基于差分隐私的分类器 C-DP。

阶段 4:训练不同坐标的数据块。根据坐标矩阵 S,在规格化的训练集 Tr 中找到对应的数据块。这些数据块使用基于差分隐私的分类器 C-DP 进行训练,其余的数据块使用通用分类器 C-G 进行训练,C-G 分类器是不引入高斯机制的。

阶段 5:获取每个数据块的分类结果和准确率。经过多次迭代训练,可以得到 $k \times k$ 个分类结果集 R 和准确度集 A。通过计算平均值可得到最终的训练结果和准确度。

阶段 6:训练规范化测试集。当一个有争议的分类器出现时,可利用规格化的测试集 Te 训练并计算 $k \times k$ 个准确度集 A_1。

阶段 7:比较准确度并获取标识性信息。使用通用分类器 C-G 训练测试集 Te 可获得准确度集 A_2。通过比较 A_1 和 A_2 可提取值不同的坐标点,从而计算出标识性信息。

4.3.4 可追踪的隐私增强型机器学习分类器详细方案

噪声生成和指纹嵌入的流程可参考图 4.3,详细的执行流程可参见算法 4.2。用 Python 实现算法的详细代码详见附录 B。

在具体说明分类器噪声生成和指纹嵌入总流程之前,先重点说明基于差分隐私的分类器 C-DP 的生成方案,其中该方案的算法详见算法 4.1。基于差分隐私的分类器 C-DP 执行过程,分别为噪声生成、数据分块和聚合判定结果产生。

针对算法 4.2 中使用到的分类器 C-DP,将其要训练的数据块记为 D^{DP},将每个 D^{DP} 数据块再划分为 $k \times k$ 个数据分块,利用隐私参数 ε、δ 和灵敏度 $\Delta_2 f$ 等,生成高斯噪声集,并嵌入特定的坐标位置中,实现对训练集的隐私保护。而坐标位置依旧是由标识信息编码而成的。这样做的目的是增强指纹的鲁棒性。这些数据分块的聚合应满足数据请求者对可用性的需求,最终总的预测结果如式(4.7)所示。其将所有子数据块分类结果,

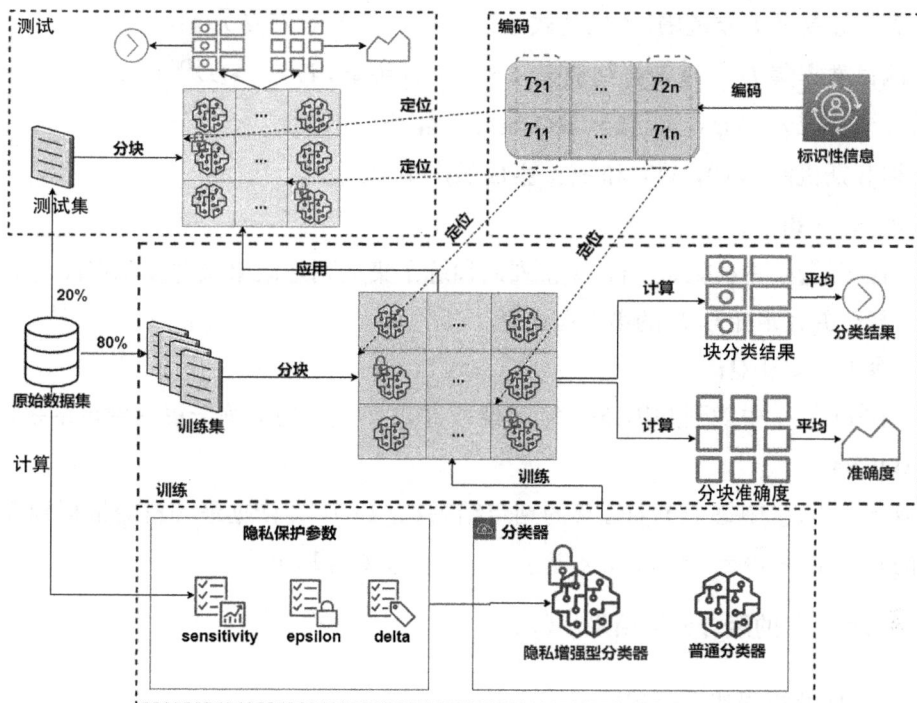

图 4.3　可追踪的隐私增强型机器学习分类器执行流程

包含加噪和未加噪的判定结果,聚合在一起给出最终的聚合结果。

$$\widetilde{f}(x) = \underset{i,j}{\mathrm{argmax}}\{\widetilde{c}_{i,j}(x)\}\,,\ i,\ j \in [1,\ k] \tag{4.7}$$

算法 4.1　基于差分隐私的分类器 $C\text{-}DP$ 的参考执行方案

输入：训练数据块 $D^{DP} = \{(x_1,\ y_1),\ \cdots,\ (x_n,\ y_n)\}$，隐私参数 ϵ 及 δ，标识信息 s，
　　　分块基数 k

输出：D^{DP} 的聚合分类结果 $\widetilde{f}(x)$

1：　初始化矩阵 $\boldsymbol{S} := [\,]$，$\boldsymbol{S}^* := [\,]$，高斯参数 $\sigma := [\,]$，噪声矩阵 $\boldsymbol{P} := [\,]$，子分类器判
　　　定结果矩阵 $\boldsymbol{C} := [\,]$；

2：　转换标识信息为二进制形式：$\boldsymbol{S} \to (\boldsymbol{S})_{10} \to (\boldsymbol{S})_2$；

3：　转换至 k 进制 2 行的矩阵形式：$(\boldsymbol{S})_2 \to (\boldsymbol{S})_k$，$(\boldsymbol{S})_k = (s_k)_{1t} \to (s_k)_{2v} = \boldsymbol{S}^*$，$v = t/2$；

4：　计算 D^{DP} 的敏感度 $\Delta_2 f$，这里 f 是分类查询函数，$\Delta_2 f = \underset{D^{DP},\,D^{DP'}}{\max} \parallel f(D^{DP}) - f(D^{DP'}) \parallel_2$；

5： 计算可接受的方差范围，依据公式 $\sigma \geqslant \Delta_2 f \sqrt{(2\ln(1.25/\delta))}/\varepsilon$；

6： 将测试数据集 D^{DP} 重新排列成 $k \times k$ 块子训练集，$D^{DP} \rightarrow \{D^{DP}\}_{k \times k}$；

7： 将方差分成 k 部分，按值依次放入矩阵 $\sigma_{1 \times k}$ 中；

8： 根据高斯机制 $N(0, \sigma^2)$ 和 $\sigma_{1 \times k}$ 生成噪声集 $P_{1 \times k}$；

9： **for** $i \leqslant k$ **do**

10： 在 $D^{DP}_{k \times k}$ 中找到 $s^*_{1,i}$ 行，$s^*_{2,i}$ 列的训练子集的判定结果块并读到 C；

11： 找到并读取矩阵 P 的第 i 列到 Q；

12： 令 $\widetilde{C} = C + Q$；

13： 在 $D^{DP}_{k \times k}$ 中找到并用新的 $\widetilde{C}$ 替换行 $s^*_{1,i}$、列 $s^*_{2,i}$ 的训练子集的判定结果；

14： **end for**

15： 得到 $D^{DP}_{k \times k}$ 中每个子训练集的判定结果 $\widetilde{c}_{i,j}(x)$，并依据最大自变量得到聚合后的判定结果 $\widetilde{f}(x) = \underset{i,j}{\mathrm{argmax}}\{\widetilde{c}_{i,j}(x)\}$，$i, j \in [1, k]$。

16： **return** D^{DP} 的聚合分类结果 $\widetilde{f}(x)$

综上，具体的流程如下所述：

步骤 1：指纹坐标矩阵生成。 将标识性信息转换成二进制形式。因训练数据集块 D^{DP} 的分块数是 $k \times k$，标记不同数据块的坐标位置就应该为 k 进制的数。将二进制转换成 2 行形式的 k 进制矩阵 S^* 即可表达成具体的坐标点，每一列表示一个具体的坐标点，第一行为横坐标，第二行为纵坐标。具体细节可参见算法 4.1 中第 2—3 步。

步骤 2：噪声计算及生成。 依据查询用户期望的准确性和安全性给定隐私参数 ε 和 δ，计算出可接受的方差取值范围。根据其值的范围将方差分成 k 个相等的部分。将这些 σ 中依次应用于 $N(0, \sigma^2)$，生成噪声集矩阵 P。详见算法 4.1 中第 4—8 步。

步骤 3：子分块判定结果生成和噪声嵌入。 将训练数据集分成 $k \times k$ 块，针对测试数据，每一块均给出判定结果，记为 $c_{i,j}(x)$，其中 i 和 j 分别表示横、纵坐标。在 S^* 中的组标点产生的判定结果上依次添加 P 中的噪声。具体细节可参见算法 4.1 中第 9—14 步。

步骤 4：聚合判定结果。 依据公式(4.7)，将所有子分块判定结果 $\widetilde{c}_{i,j}(x)$ 聚合得到单一结果。

算法 4.2　可追踪的隐私增强型机器学习分类器执行方案

输入： 训练集 Tr，测试集 Te，差分隐私参数 ε，δ，基数 k，基于差分隐私的分类器 $C\text{-}DP$，通用分类器 $C\text{-}G$，标识性信息 s

输出： 分类结果 $\overline{R_{k \times k}}$ 和准确度 $\overline{A_{k \times k}}$

1：　$Tr \rightarrow [Tr]_{k \times k}$ 和 $Te \rightarrow [Te]_{k \times k}$；

2：　$s \rightarrow (s)_2 \rightarrow (s)_k$；

3：　计算 Tr 的敏感度 $\Delta_2 f$，f 是分类查询函数，$\Delta_2 f = \max\limits_{Tr,Tr'} \| f(Tr) - f(Tr') \|_2$；

4：　计算可接受的方差范围，依据公式 $\sigma \geqslant \Delta_2 f \sqrt{(2\ln(1.25/\delta))}/\varepsilon$；

5：　重排矩阵 $(\boldsymbol{S})_k = (s_k)_{1n} \rightarrow (s_k)_{m2} = \boldsymbol{S}$，$m = n/2$；

6：　**for** $i \leqslant k$ **do**

7：　　**for** $j \leqslant k$ **do**

8：　　　**if** $i == S_{i,1} \& j == S_{i,2}$ **then**

9：　　　　$tg = \boldsymbol{S}_{i,1,2}$，$db = [Tr]_{tg}$；

10：　　　　用 C-DP 训练 db，C-DP(db)；

11：　　　**else**

12：　　　　$db = [Tr]_{i,j}$；

13：　　　　用 C-G 训练 db，C-G(db)；

14：　　　**end if**

15：　　**end for**

16：**end for**

17：得到训练分类结果集 $R_{k \times k}$ 和准确度集合 $A_{k \times k}$；

18：计算平均值 $\overline{R_{k \times k}}$ 和 $\overline{A_{k \times k}}$；

19：**return** 分类结果 $\overline{R_{k \times k}}$ 和准确度 $\overline{A_{k \times k}}$

接下来，说明可追踪的隐私增强型机器学习分类器方案，利用基于差分隐私的分类器 $C\text{-}DP$ 和通用的分类器 $C\text{-}G$ 实现分类器训练的执行流程。

如图 4.3 所示，训练设备的标识性信息被编码成坐标矩阵。因为训练集被划分成 $k \times k$ 个数据块，所以标识性信息转换成 k 进制的数并存放到 n 行 2 列的矩阵 $\boldsymbol{S}$ 中，每一行代表一个具体的坐标点，其中第 1 列为 $k \times k$ 的横坐标，第 2 列为纵坐标位置。

本算法中采用随机梯度下降算法作为通用的分类器 $C\text{-}G$，依据用户期望，给定隐私保护参数 ε，δ 和可接受的方差范围，执行算法 4.1 得到基于差分隐私的分类器 $C\text{-}DP$。

依据 $\boldsymbol{S}$ 中的坐标点，找到训练集 Tr 中对应的数据块，并对这些数据块用分类器 $C\text{-}DP$ 训练。其他数据块用通用分类器 $C\text{-}G$ 训练。众所周知，引入噪声必然会影响准确度，所以两种分类器训练得到的是不同的精确度[100]。针对 $k \times k$ 个数据块，会得到 2 种不同的 $k \times k$ 个准确度结果和 $k \times k$ 个分类结果。最终可通过求平均的方式得到分类结果 $\overline{R_{k \times k}}$ 和准确度 $\overline{A_{k \times k}}$。

4.3.5 分类器数字指纹检测算法

指纹检测和标识信息的提取流程可参见图 4.4,详细的执行过程可参见算法 4.3。用 Python 实现算法的详细代码详见附录 B。

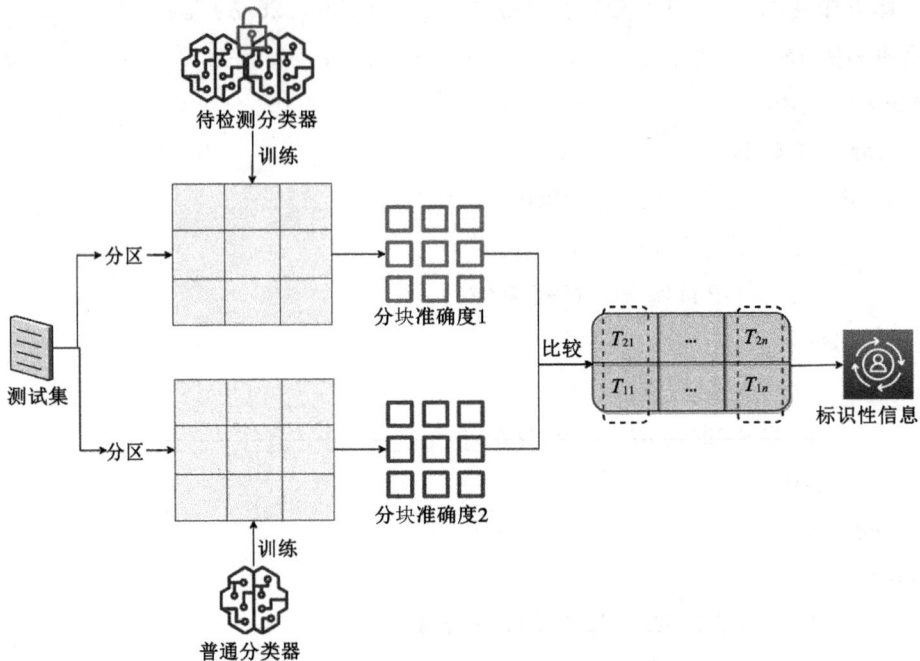

图 4.4 分类器方案数字指纹检测流程

将测试集 Te 以相同的方式划分成 $k \times k$ 个数据块,分别使用待测分类器 $C\text{-}T$ 和通用分类器 $C\text{-}G$ 进行训练。通用分类器训练的每个数据块的准确度是统一的,而待测分类器 $C\text{-}T$ 因使用了两种分类算法,故所有的数据块的训练结果和准确度会有两种不同的结果。

通过对比这些数据块的准确度 $A_{k \times k}$ 可得到不同的坐标点信息,将这些坐标点组合成 n 行 2 列的矩阵并按照大小重新排序,最后将其转换成十进制字符串形式,即为训练设备的标识性信息。分类器的数字指纹检测算法具体流程详见算法 4.3。

算法 4.3 分类器数字指纹检测算法

输入: 待检测的分类器模型 $C\text{-}T$,通用分类器模型 $C\text{-}G$,测试集 Te

输出: 标识信息 s

1: 针对测试数据 Te 用待检测的分类器模型 $C\text{-}T$ 进行训练,每个子数据集的训练准确度存入 $R = \tilde{C}^*$ 中;

2: 针对测试数据 Te 用标准分类器模型 $C\text{-}G$ 进行训练,将每个子数据集的训练准确度存入 $S = C$ 中;

3：　对比 R 和 S 的结果,并提取结果不同的坐标点和 R 中具体的值;$s \rightarrow (s)_2 \rightarrow (s)_k$;

4：　对比 R 和 S 的结果,将结果不同的坐标点按列放入矩阵 S^* 中,第 1 列存放横坐标,第 2 列存放纵坐标;

5：　对比 R 和 S 的结果,将不同的结果差值放入矩阵 $\boldsymbol{\sigma}$ 中;

6：　将两个矩阵 S^* 和 $\boldsymbol{\sigma}$ 按行合并得到 $U = \begin{bmatrix} S^* & \boldsymbol{\sigma} \end{bmatrix}'$;

7：　将 U 按 σ 的值重新排列;

8：　获取 U 的前两行并设置 $S^* = U_{1,2,1:\text{end}}$;

9：　重排矩阵 $S^* = (s_k)_{1t} \rightarrow (s_k)_{2v} = S^*$, $v = t/2$;

10：$(S)_k \rightarrow (S)_2$;

11：$(S)_2 \rightarrow (S)_{10} \rightarrow s$;

12：得到标识信息 s;

13：**return** 标识信息 s

4.4　仿真验证

4.4.1　数据准备

仿真数据来自网络公开数据库——UCI 机器学习库中名为"人口普查收入"的真实数据,该数据是巴里·贝克尔(Barry Becker)从 1994 年人口普查数据库中提取的数据[131]。该数据集中共包含 48 842 条记录,具有 14 种不同的连续和离散的混合属性。若移除数据中心的包含未知实例的记录,则数据集包含 45 222 条记录。尝试将所有的数据放于一张数据表中,并通过替换的方式将内容全部替换为数值型数据。

此外,标识性信息依然采用精确到秒的时间,格式形如"20220801102134"。时间相较于设备的 MAC 地址等内容是动态的,也更难以控制。

仿真的目的是利用分类器训练上述数据集,并预测"收入是否超过 5 万美元/年"。同时在训练的过程中嵌入指纹信息,并尝试从训练结果中提取指纹信息。其中,真实的统计结果是年收入超过 5 万美元/年的概率为 23.93% 或者 24.78%(不包含未知实例),年收入少于或等于 5 万美元/年的概率为 76.07% 或者 75.22%(同样不包含未知实例)。

此外,选择最基本的梯度下降算法作为通用分类器 $C\text{-}G$。基于差分隐私的分类器 $C\text{-}DP$ 是依据特定的算法 4.1,也可向通用分类器 $C\text{-}G$ 训练算法中引入参数可调的 DP 机制实现。数据集按照 4∶1 的比例被划分为训练集和测试集,且均被分割成 64 块数据块。这些数据块按照 8×8 的形式排列,即 $k=8$ 且索引标记为 0～7。

ε 的值可调节的仿真从 $\{0.001, 0.003, 0.005, 0.008, 0.01, 0.03, 0.05, 0.08, 0.1\}$ 中

依次取值,以便观察参数对结果隐私性和可用性的影响。参数 δ 的值统一确定为 10^{-5}。

此外,梯度下降算法的迭代次数也是可调节的,本方案观察迭代次数从 10 至 100 之间的训练结果,并尝试分析其对隐私性和可用性的影响。

仿真实验和后续的对比分析均是在 Windows 操作系统上使用 Python 语言实现的。为了能更加清晰地表述,表 4.1 显示了仿真实验中的关键参数的描述和对应的值。

表 4.1 分类器仿真实验中的关键参数和描述

符号	描述	值
s	当前时间	形如"20220801212056"的字符串
X	一维数据集 D	大小为 48 842×14
y	标签集	大小为 48 842×1
X_{train}	训练集	大小为 0.8×(48 842×14)
y_{train}	训练标签集	大小为 0.8×(48 842×1)
bn	数据块数目	64
k	基数且有 $k = \sqrt{bn}$	8
$iterations$	迭代次数	在区间[10, 100]内取值
ε	差分隐私参数——隐私预算	在区间[0.001, 0.1]内取值
δ	差分隐私参数	10^{-5}
$sensitivity$	数据集敏感度	5

4.4.2 仿真实现

指纹检测算法的大部分步骤和指纹嵌入算法相同或者为其的逆反步骤,所以这里重点描述用 Python 语言实现分类器噪声生成和指纹嵌入算法的仿真细节。算法的流程图如图 4.5 和图 4.6 所示,其中图 4.6 只展示算法特有相关步骤的流程。具体 Python 的实现代码详见附录 B。

分类器方案中包含两种分类器,分别使用通用梯度下降算法和基于差分隐私的梯度下降算法实现。在 Python 代码中,分别用函数 gradient_descent_alg($iterations$)和函数 noisy_gradient_descent_alg($iterations$, $epsilon$, $delta$)实现。两个函数输出的是不同的模型,用 $Theta$ 表示。

上述两个函数采用迭代的方式,不断训练模型以求达到更高的准确度。它们的具体实现方式可见图中灰色背景的区域。其中函数 gradient_descent_alg($iterations$)通过函数 grad_avg($Theta$, X_train, y_train)循环调整 $Theta$。函数 noisy_gradient_descent_alg($iterations$, $epsilon$, $delta$)通过 gradient_sum_alg($Theta$, X_train, y_train, $sensitivity$)和 gauss_mech_vec($grad\_sum$, $sensitivity$, $epsilon$, $delta$)循环调整 $Theta$。

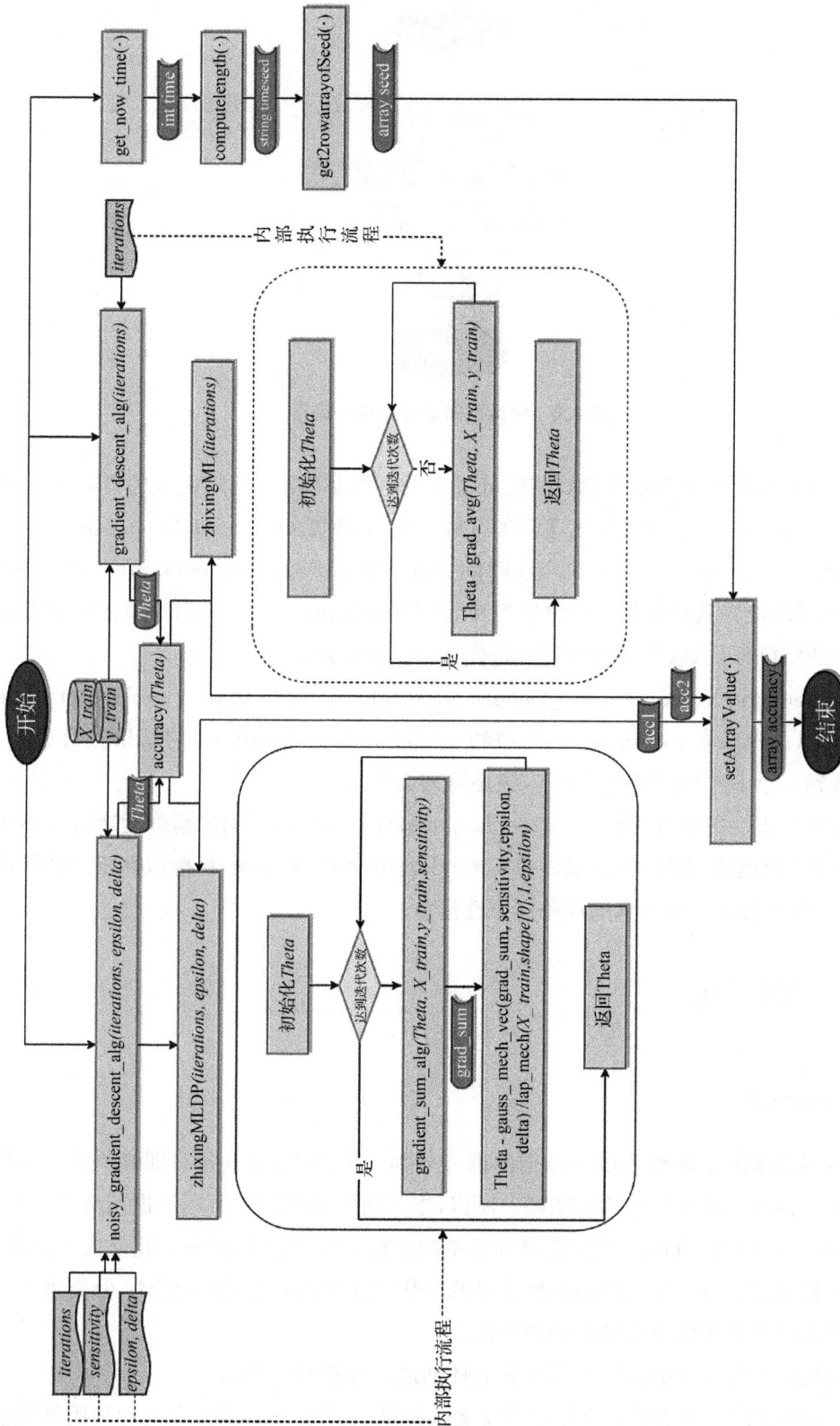

图 4.5　分类器噪声生成和指纹嵌入算法流程

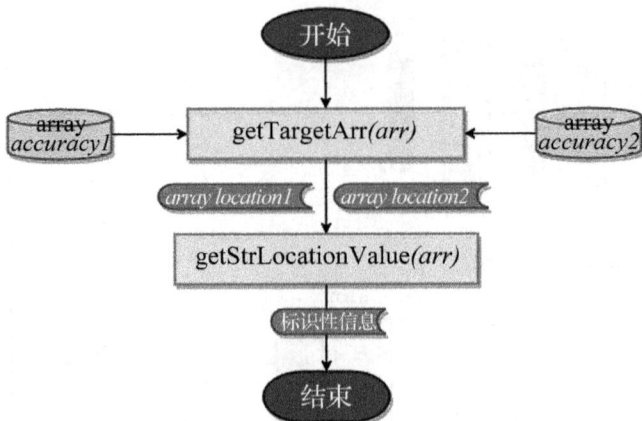

图 4.6　分类器指纹检测算法流程

因为分类器方案最终是以精确度区分设备的,所以将两个函数生成的 $Theta$ 均导入函数 accuracy($Theta$)中并计算出不同的 $Theta$ 的准确度,并用 $acc1$ 和 $acc2$ 来表示。

函数 get_now_time($\cdot$)获取当前时间并保存为 int 型,函数 computelength($\cdot$)将 int 型的时间转换为偶数位的八进制字符串,函数 get2rowarrayofSeed($\cdot$)在将字符串转换成两列的矩阵形式,这个矩阵的每一行代表一个坐标点。

函数 setArrayValue($\cdot$)将 gradient_descent_alg($iterations$)、noisy_gradient_descent_alg($iterations$, $epsilon$, $delta$)和 get2rowarrayofSeed($\cdot$)的结果整合起来,最终可以得到一个 8×8 的准确度矩阵,该矩阵即为所求。

在提取标识性信息时,利用函数 getTargetArr(arr)可将不同的精确度矩阵计算出标识性信息对应的坐标矩阵,再通过函数 getStrLocationValue(arr)将标识性矩阵转换成字符串形式,该字符串即为所求的设备标识性信息。

4.5　算法分析

4.5.1　性能标准

分类器方案除了能够完成对数据的训练分类任务之外,还具备对训练集的隐私保护和对训练设备的追踪定位这两个功能。所以,本节对分类结果的可用性进行分析的同时,还需考虑对数据集的隐私保护程度和对设备的追踪定位功能的实现。此外应注意到,对数据的隐私保护和对结果的准确性要求是两个相互矛盾的目标,换句话说,分类器训练时噪声的引入必然会影响分类结果的准确性。

下面从以下几个方面对分类器方案的性能进行分析和评估:

(1)隐私保障。分类器方案期望攻击者不能从公开发布的结果中或者利用训练模型分析出信息所属人不希望被公开的内容。

（2）分类结果可用性。可用性是指分类结果能够为数据请求者提供尽可能多的满足期望的正确且有效的信息。

（3）可追踪性。依据分类结果和其他辅助信息，可分析或对比出隐藏在结果中的标识性信息，从而追踪到相关设备或责任人。其中可追踪性应重点关注以下特性：

（4）不可感知性。传统的不可感知性是指数字指纹不能被用户察觉。在本方案中，关注的重点是结果的不可感知性，即无法通过分类结果确定训练过程中是否嵌入了指纹信息。

① 鲁棒性。即使经历了一系列修改、转换等操作后，指纹信息依然能够保持完整或者能以较高的概率被正确地检测出来。

② 多样性。不同的设备按照编码规则，应具备不同的、独特的指纹编码信息。

4.5.2　隐私性分析

基于差分隐私 C-DP 的分类器每次迭代满足 (ε, δ)-差分隐私。如果算法迭代 m 次，则根据序列组合，分类器方案满足 $(m\varepsilon + \varepsilon, m\delta)$-差分隐私。

还需要考虑在分类器方案中只有部分数据块引入了差分隐私噪声。在迭代一次的基础上，假设数据块满足 $(\varepsilon_i, \delta_i)$-差分隐私，根据平行组合定理 2，$k$ 个不相交数据块满足 $(\max \varepsilon_i, \max \delta_i)$-差分隐私。

若将所有数据视为一个整体，则根据序列组合本方案满足 $\left(\sum\limits_{i=1}^{n}\varepsilon_i, \sum\limits_{i=1}^{n}\delta_i\right)$-差分隐私。

假设分类器迭代 m 次，它满足 $\left[(m+1)\sum\limits_{i=1}^{n}\varepsilon_i, m\sum\limits_{i=1}^{n}\delta_i\right]$-差分隐私。

图 4.7 和图 4.8 用不同的形式分别表示了分类器的准确率、差分隐私参数 ε 和迭代

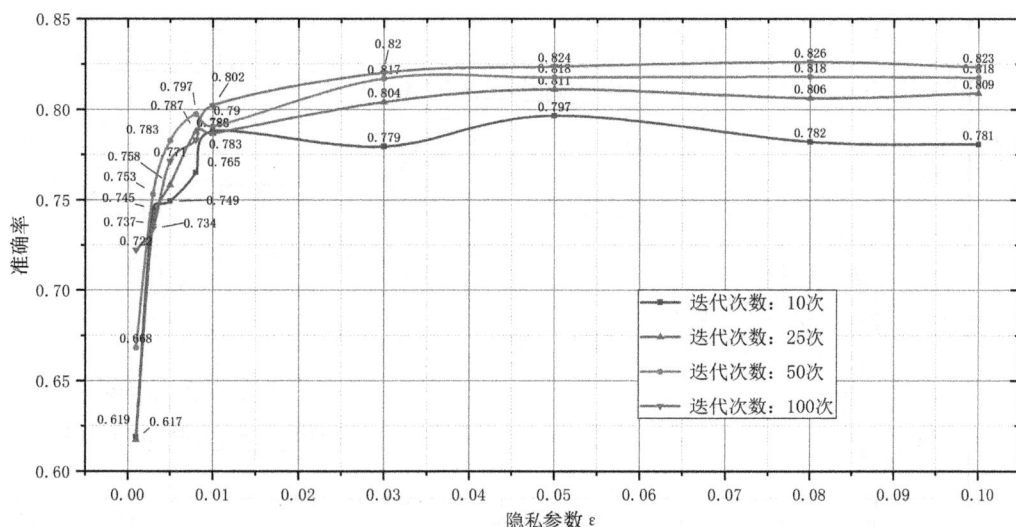

图 4.7　分类器方案的准确率、隐私参数 ε 和迭代次数之间的关系

次数之间的关系。其中,图 4.7 以折线图的形式中的每一条线代表了该分类器方案同一迭代次数下,隐私参数 ε 不同取值下的准确率。图 4.8 中每组柱状图表示同一迭代次数下,隐私参数 ε 不同取值下的准确率,具体隐私参数 ε 和迭代次数的值参见横坐标的数值。

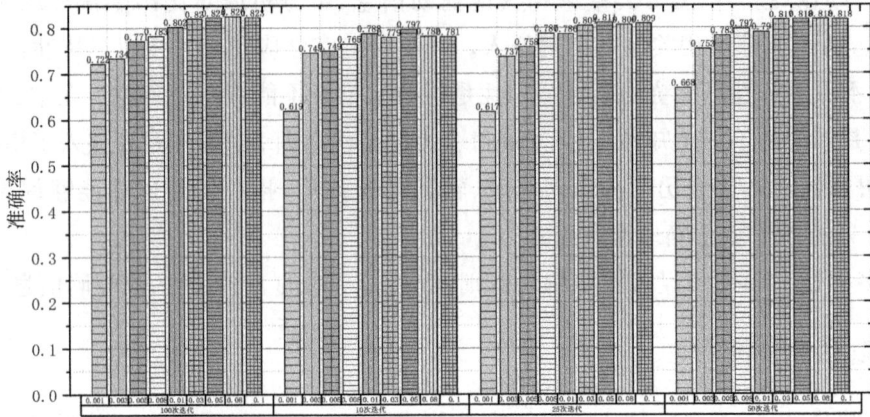

图 4.8 分类器方案的准确率、隐私参数 ε 和迭代次数之间的关系对比

一般来说,ε 值越大,准确率越高。从图 4.7 和图 4.8 中可以看出,当 ε > 0.05 时,准确率变化趋于平缓。同时,随着迭代次数的增加,相同参数 ε 取值的情况下,精确度也会相应增加。

4.5.3 可用性分析

为了验证分类器方案的可行性,将分类器 $C\text{-}DP$ 训练的准确率与分类器 $C\text{-}G$ 训练的准确率进行了对比,如图 4.9 所示。

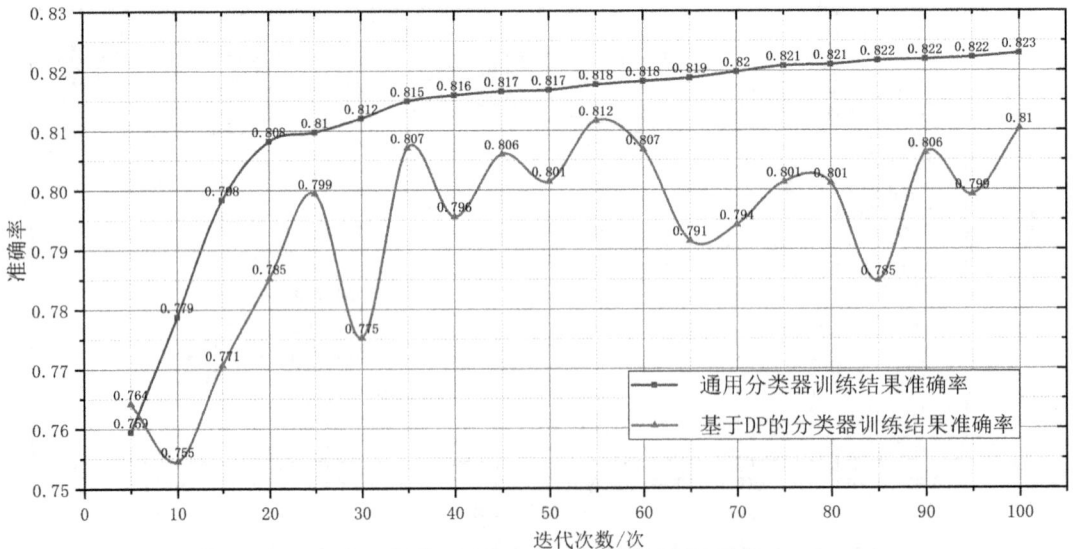

图 4.9 基于差分隐私的分类器 $C\text{-}DP$ 与通用分类器 $C\text{-}G$ 准确率对比

如图 4.9 所示,两种分类器得到的准确度范围是相同的,即均在 $0.76 \sim 0.83$ 之间。但是分类器 $C\text{-}G$ 训练的准确率会随着迭代次数的增加而增加,分类器 $C\text{-}DP$ 产生的准确率在一定范围内波动。但相同的是,分类器 $C\text{-}DP$ 训练的准确率也会随着迭代次数的增加而呈增加波动态势。

因为噪声的加入会导致梯度算法在训练过程中向错误的方向移动,所以分类器必然会影响准确率。很容易得出这样的结论,ε 的值越小,隐私保护程度就越大,分类器方案结果的准确率就越低。然而,多次迭代可以用来补偿由隐私而造成的准确性损失。在本方案中,迭代次数和噪声量根据实际需要进行平衡。

表 4.2 比较了不同迭代次数、ε 取值和分类器的执行时间的关系。从结果可以看出,即使分类器被执行 100 次,执行时间也在可接受的范围内。

表 4.2　分类器执行时间对比

迭代次数/次	$C\text{-}G$	$C\text{-}DP$, $\varepsilon = 0.1$	$C\text{-}DP$, $\varepsilon = 0.01$	$C\text{-}DP$, $\varepsilon = 0.001$
10	3.031	2.389	2.384	2.355
25	7.658	5.773	5.918	5.75
50	15.02	11.419	11.88	11.401
75	22.522	17.016	17.177	16.907
100	25.625	22.63	23.04	22.779

4.5.4　可追踪性分析

本小节重点分析分类器方案的指纹特征,包括不可感知性、鲁棒性和多样性。

首先,分类器将分类结果和准确率反馈给用户。分类器方案的不可感知性可以定义为分类结果的不可感知性。依据算法 4.2 可知,训练集被划分成 $k \times k$ 个数据块,其中有 k 个数据块的训练结果的准确度可能与其余 $k \times (k-1)$ 个数据块是不同的。

对于训练结果,分类器只包含两个分类结果。即使在最坏的情况下,k 块与其他块完全不同,方案中的指纹信息也只有 $k/k^2 = 1/k$ 的可能性被检测出来。

从准确率的角度看,在不考虑迭代的情况下,本分类器的精度仅为 $a_1 - a_2/k$,这低于通用分类器。详细信息可在公式(4.8)中读取,其中 a_1 和 a_2 分别表示通用分类器和本分类器的准确率。

$$a_1 - \frac{k(k-1)a_1 + ka_2}{k^2} = \frac{k(a_1 - a_2)}{k^2} = \frac{a_1 - a_2}{k} \tag{4.8}$$

其次,共谋攻击是验证数字指纹鲁棒性最常见的攻击。通过比较不同版本的载体对象信息来识别隐藏在结果中的指纹数据。本节提出的分类器至少需要知道嵌入指纹的块数、基数 k 和坐标点,才能成功地进行共谋。

这里从准确率的角度来分析共谋成功的概率。假设攻击者已经知道数据块的数量和基数 k，此外共有 C 个共谋攻击者。C 个共谋攻击者最终成功确定嵌入指纹坐标的概率可以表示为 p，具体如下：

$$p = C \times \left(\frac{1}{2}\right)^{\frac{k^2}{C}} \tag{4.9}$$

可以预期，随着训练集数量的增加，概率 p 的值会变小。

最后，使用巧合概率 P_C 来衡量分类器的多样性。P_C 与训练集中 $k \times k$ 个数据块分块数和基数 k 的个数有关。P_C 可以理解为连续两次从 $k \times k$ 个数据块中提取 k 个不同数据块的概率相同，如公式（4.10）所示。随着 k 的增加，该值依次递减，并且数量很少，这也说明本分类器的多样性很高。

$$P_C = \frac{1}{C_{k \times k}^k} \times \frac{1}{C_{k \times k}^k} = \frac{1}{(C_{k^2}^k)^2} \tag{4.10}$$

4.6 本章小结

本章提出了一种可追踪的隐私增强型机器学习分类器，其为机器学习隐私保护提供了一种可能的研究方向。该分类器将差分隐私和数字指纹技术相结合，在保护机器学习训练集的隐私的同时可对训练设备进行追踪和定位。其中隐私保护功能的实现是利用差分隐私的分类器训练部分数据集，在训练的过程中引入了定量的高斯噪声实现隐私保护。追踪设备是根据训练设备的标识性信息计算并编码出 k 进制坐标矩阵，这个矩阵的每一行都对应着规格化后的训练集不同的数据块的坐标。对这些数据块使用基于差分隐私的分类器训练实现对训练装置的标记。不同的分类器训练相同类型的数据必然会生成两种不同的准确率，经过准确率的对比即可还原出设备的标识性信息。仿真结果表明，该分类器能够在短时间内实现高精度的迭代训练。具体地说，当迭代训练次数达为 100 次、$\varepsilon \geqslant 0.001$ 时，方案的准确率可以超过 80%，执行时间小于 25 s。

从理论分析和仿真结果来看，本章的分类器方案能够有效地实现分类和隐私保护功能，并且具备数字指纹的基本特性。然而，研究也具有一定的局限性。分类器目前仅适用于训练数值型数据。未来，可尝试引入指数机制用于进一步匹配分类预测。此外，分类器方案的鲁棒性还取决于最终的数据块数目，这也降低了安全性。

第 5 章

数据集隐私保护程度与精确度权衡应用方案

5.1 引言

差分隐私技术是本书的核心技术,其通过向大型数据集的查询结果集中引入适量的噪声实现对数据的隐私保护,且经差分隐私处理的数据集在统计和分析方面具备较高的可用性。但值得注意的是,差分隐私技术在保证对特定记录隐私性的同时必然是以牺牲数据集的准确性为代价的。本章重点讨论差分隐私技术隐私保护程度和数据集统计结果精确度之间的权衡关系。

在实际应用过程中,正常数据消费方对单条记录的具体内容并不感兴趣,他们更注重通过聚合数据集分析或挖掘出的计算结果、未来趋势以及其他统计信息,这些数据可以更好地帮助他们实现业务决策、统计分析等任务[147]。例如,微博通过收集众多用户的社交媒体数据,分析用户属性及使用习惯等共性数据,以洞察定制化受众特点。因此,当前越来越多的第三方大数据交易平台或权威机构收集各类数据为无能力或无权限的企业或者组织提供定制化数据服务,以期实现数据高效利用或经济价值最大化。例如,全球大数据交易所(Global Big Data Exchange,GBDE)从数千家公司或者组织收集授权交易数据,数据量已达到 150 PB[148]。

如今,大数据市场顺应科技发展和市场规律成为一种重要的商业模式[149]。传统的基于市场的数据交易平台存在重效益轻安全的问题,它们更多追求的是体现数据集完备性和透明性的特征而忽略了数据提供者的隐私性[150-151]。大多数数据交易平台选择以牺牲数据提供者的隐私性来满足数据消费者的应用需求以期获得较高的经济回报。事实证明,出于对自身隐私的保护,越来越少的潜在数据提供者愿意将自身数据提供给第三方交易平台。因此,在释放个体数据力量的同时尊重数据提供者的隐私应是每个数据交易平台的底线,也是大数据市场长期健康发展的关键。

本章旨在探讨利用 DP 技术实现从数据集获得高精确度查询结果的同时保证数据和数据提供者的隐私性。经 DP 处理后的聚合数据集具有较高的精确度和性能效率,既能满足数据提供者的隐私保护需求,又能保证数据消费者对查询结果高精确度的要求。

针对实际的应用背景,在数据交易过程中需对以下三方面内容提供不同程度的隐私保护:一是对第三方交易平台通过各种方式收集到的数据实施隐私保护。二是对属性推断的隐私保护,能应对攻击者利用不完整信息来推断其他敏感信息(如疾病、教育信息)的攻击。换句话说,即使查询结果数据集是合法获得的,数据集中的敏感信息也不能公开。三是对成员推断的隐私保护,不能从已发布的信息中推断用户是否提供或购买了相关数据,所有参与数据交易的用户的身份都应该受到隐私保护。

本章以大数据市场为应用背景,在其安全有效的数据购买流程基础上,尝试将 DP 技术应用于数据交易过程中的聚合数据集发布阶段,并以此为背景,重点讨论数据集的隐私保护程度和精确度的权衡问题。在实现过程中,将 DP 相关机制直接应用于数据交易中是不完全适配的,最显著的一点就是任何交易都要考虑数据消费者的实际需求和可支付额度。而这些在传统的 DP 聚合数据集发布算法中是没有体现的。

为充分说明在数据交易过程中,数据集隐私保护程度和精确度的权衡问题,本章改进聚合数据集隐私发布算法,设计一种适用于大数据市场的差分隐私数据交易(Differential Privacy Data Trading,DPDT)方案。该方案能在数据交易过程中实现保护隐私信息的同时极大地还原目标数据集的分布规律,并重点讨论了交易支付额度 p、DP 隐私预算 ε 和数据集精确性 α 三者之间的关系。基于此,本章利用真实数据仿真并评估了 DPDT 方案,并证明其有效性的同时,讨论了数据集的隐私保护程度和精确度之间的权衡问题。

本章内容安排如下:5.2 节介绍了现有的数据交易中的隐私保护研究方案,并详述差分隐私聚合数据集发布的基本内容和经典的迭代结构机制发布算法;5.3 节详述了大数据市场模型,包括系统模型和对手模型,说明了拟解决的问题及方法的理论依据,解释了DPDT 方案的基本原理、执行细节和形式化算法;5.4 节用真实数据和适当参数仿真了DPDT 方案;5.5 节分析了 DPDT 方案的精确度和隐私性,并重点讨论了两方面性能的均衡性,此外,还将 DPDT 方案与其他方案进行了比较;最后,5.6 节对本章内容进行了小结。

5.2 数据交易中的隐私保护研究

5.2.1 大数据市场的隐私保护

当前大数据市场对隐私数据或身份信息没有严格且有效的保护制度,一些第三方交易平台只对数据提供基本的保护措施,如加密、匿名化、防火墙等,而这种防护措施容易受到字典、检测、背景知识的攻击。针对大数据市场的研究是广泛的,其中安全方面主要集中在利用不同技术应对各类安全挑战。

Campanelli 等[152]最先定义了购买数字服务的零知识和服务支付的概念。在此基础上,研究人员提出了不同的研究方案。Zhou 等[153]和 Zhao 等[154]基于区块链的大数据市场提出了不同的公平数据交易协议,可保证交易数据的可用性、数据提供者的隐私性以及数据提供者和数据消费者之间的公平性,然而它们并没有在保证隐私的前提下考虑到用户可支付额度这一问题。

Niu 等[155]针对数据市场提出了真实性和隐私保护方案,它有效地整合了数据市场的真实性和隐私保护。然而该方案从数据采集阶段就对数据的真实性有非常严格的要求,极大地限制了其实际应用价值。

Fleischer 等[156]试图从用户敏感数据的分布中得出成本,用户因出卖隐私而得到补偿。该研究更关注成本和隐私之间的关系,重点讨论如何计算数据提供者的赔偿成本。

Ghosh 等[157]将 DP 与数据市场相结合,并正式提出隐私数据拍卖的概念,重点研究数据分析师与数据提供者在数据获取阶段的博弈关系。

5.2.2　差分隐私聚合数据集发布

一个优秀的聚合数据集发布方案能够以较高的精确度为数据消费者提供具备隐私保护功能的查询结果或数据集。其中,将学习理论引入传统的 DP 聚合数据集发布方案中,可以部分解决由于噪声过大导致的输出不准确问题。

学习理论用来衡量机器学习算法的泛化性能,可用于计算样本的复杂性和准确性的下界,并衡量聚合数据集的质量。学习过程是估计数据集 D 是否能以高概率满足每个查询。当数据集 D 能以近似概率与样本数据集满足目标时,该学习算法被认为是成功的。

传统的 DP 聚合数据发布算法是向查询集的结果添加非独立噪声,其中,大部分研究都强调判断聚合数据集质量的重要性。

乘法权重(Multiplicative Weight,MW)更新算法[158]是通过比较问题的真实答案是否与当前的假设答案乘数权重有本质上的差异来实现的。Gupta 等[87]基于此提出了一个更有效的专用分类器,通过与原始数据集时比,可以判定假设是错误的。

为衡量数据的隐私保护程度和数据结果的准确性的关系,还有一些研究更注重设置参数来获得合适的噪声量。Naldi 等[159]提出拉普拉斯分布的单个尺度参数 λ 可以用两个参数 ω 和 p 来代替。这两个参数描述了计数查询的真实结果在有噪声查询结果的置信区间内的概率。同样,Hsu 等[160]给出了一个差分隐私在实际执行中选择关键参数 ε 的严格方法,可控制隐私保障力度和发布结果的准确性之间的权衡。

以上研究集中在数据的收集阶段,对于数据隐私发布的研究未有涉及。即,服务提供方应保证数据提供者的隐私,且数据消费者希望以最小的成本获得所需的查询结果。

Tsou 等[161]定义并评估了数据集中基于噪声估计的数值与计数查询的数据泄露风

险,他们关心的是评估隐私预算 ε 和数据泄露风险之间的关系。Geng 等[162]揭示了 DP 单值查询函数中噪声添加机制的最小噪声振幅和功率。结果证明,通过在各种高隐私制度中将新的下限和上限的乘数差距降为零,可具备更强的隐私保障。

5.2.3 迭代结构机制

对于给定数据集 D 上的线性查询集 Q,期望利用 DP 隐私数据发布机制得到 Q 中每个查询 f_i 发布的隐私查询结果 v_i 和实际结果的误差 $\max_i |v_i - f_i(X)|$ 尽可能低,且保留 D 的分布规律。其中,迭代结构(Iteration Construction,IC)机制[87]是解决隐私数据查询发布问题的代表算法,给定隐私区分器 F 和数据集更新算法 $T(\alpha)$,可得到相应的隐私发布机制。区分器 F 负责查找假设数据集和真实数据集之间存在高差异度的查询。如果在第一轮成功找到它,则指定的数据集更新算法 $T(\alpha)$ 将输出一个更接近 Q 的新数据集。如果失败,则表示已经得到查询 Q 的一个足够准确的假设。其中,可将指数机制作为隐私区分器 F,MW 更新算法[158]作为一般线性查询的数据集更新算法 $T(\alpha)$,详见算法 5.1。通过多次迭代更新,迭代构建机制对查询集 Q 构造一个近似匹配 D 的假设。迭代构造机制详见算法 5.2。

算法 5.1 乘法权重(MW)更新算法

输入: 参数 η,全域 $\aleph$,x 为全域概率分布,t 为当前更新次数,x^t 为当前更新后的概率分布,f_t 表示当前查询,v_t 表示给定的当前阈值

输出: x^{t+1}

1: 对于 MW(x^t, f_t, v_t);
2: **if** $v_i < f_t(x^t)$ **then**
3: $\quad r_t = f_t$;
4: **else**
5: $\quad r_t = 1 - f_t$;
6: **end if**
7: **for** $\forall i \in [|\aleph|]$ **do**
8: $\quad \hat{x}_i^{t+1} = \exp(-\eta r_t[i]) \cdot x_i^t$;
9: $\quad x_i^{t+1} = \dfrac{\hat{x}_i^{t+1}}{\sum_{j=1}^{|\aleph|} \hat{x}_j^{t+1}}$;
10: **end for**
11: **return** x^{t+1}

算法 5.2　迭代构造机制 IC

输入： 参数 ε_0，原始数据集 D，$T(\alpha)$-迭代更新算法 U，$F(\varepsilon)$-隐私分类器 Dis

输出： 聚合数据集 D^t

1：　令 $i = 0$；

2：　**for** $t = 1 : T(\alpha/2)$ **do**

3：　　令 $f^{(t)} = \mathrm{Dis}(D, D^{t-1})$；

4：　　令 $v^{(t)} = f^{(t)}(D) + \mathrm{Lap}\left(\dfrac{1}{\|x\|_1 \varepsilon_0}\right)$；

5：　　**if** $|v^{(t)} = f^{(t)}(D^{t-1})| < \dfrac{3}{4}\alpha$ **then**

6：　　　输出 $y = D^{t-1}$；

7：　　**else**

8：　　　令 $D^t = U(D^{t-1}, f^{(t)}, v^{(t)})$；

9：　　**end if**

10：　**end for**

11：　**return** $y = D^t$

5.3　基于差分隐私的数据交易方案

与前述研究不同，本方案关注的是结果的准确度、隐私性和支付额度之间的均衡关系。噪声量是基于对结果集的精确度的需求，支付额度由准确性、隐私性两个因素决定。DPDT 方案更关注其是否符合市场经济的博弈规则。

5.3.1　系统模型

大数据交易的系统模型如图 5.1 所示。模型分为数据收集层和数据交易层，并包含数据提供者、服务提供商和数据消费者三类用户实体。

三类用户实体在模型中的作用如下：

（1）数据提供者可以通过向服务提供商分享自己的数据来获得经济奖励。

（2）服务提供商是收集海量原始数据的第三方云数据交易平台，其拥有丰富的计算存储资源和隐私保护专业知识。

（3）数据消费者通常是研究组织或中小型公司，他们通过提交不同的查询集从服务提供商购买可分析或汇总的数据。

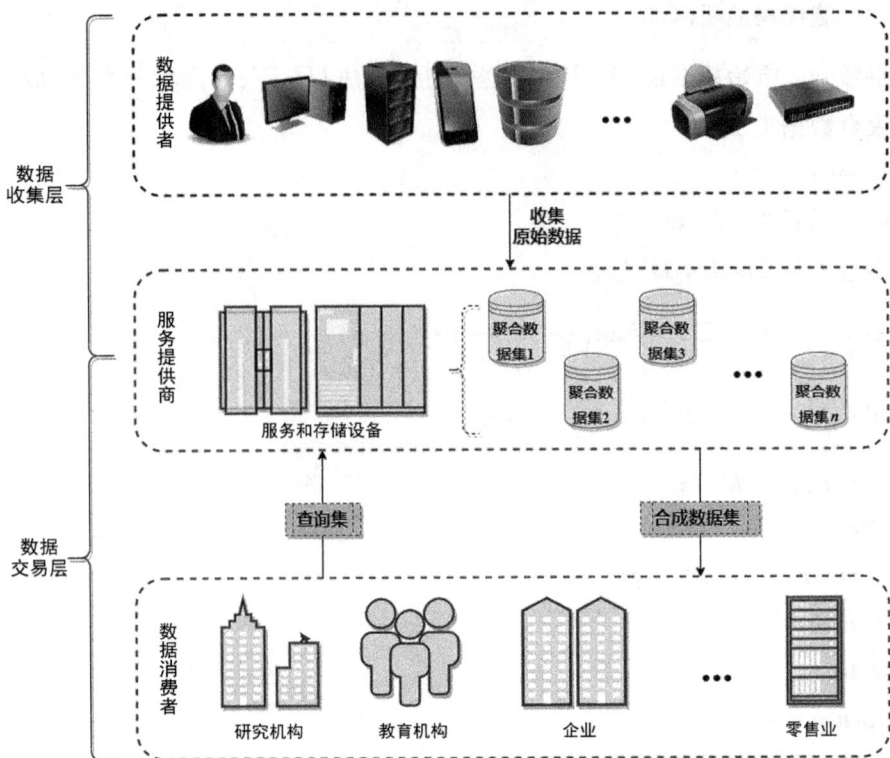

图 5.1 大数据交易的系统模型

整个过程分为两个阶段,分别为数据收集和数据交易,且是独立异步的交互过程。

(1) 在数据收集层中,服务提供商从数据提供者那里获取原始数据。他们专注于如何以有限的回报获得高质量的数据,并致力于保护参与者的隐私。近年来,关于数据收集过程中的安全性的研究也越来越多[154-155,163]。

(2) 在数据交易层中,数据消费者从服务提供商那里购买数据,并利用这些有价值的数据集来改善其服务或产品。对于交易过程中的数字商品来说,防止其被非法披露或传播是非常重要的。服务提供商一般通过加密、匿名和其他手段来保护隐私信息[164-165]。本章重点研究这一层中数据消费者和服务提供商之间的数据集的隐私保护程度和精确度权衡性。

5.3.2 攻击模型

为了提高有效的数据交易量并为平台吸引更多的客户,大部分数据交易第三方平台是从数据消费者的角度考虑运行和交易模式。即确保数据消费者尽可能多地获得更加真实和完整的数据。

随着数据采集方式逐渐由人工方式转变为智能化采集方式,如电子运动装备可实时自动地收集用户运动数据,数据真实性问题从根本上得到了解决。因此,大数据交易市场能够保持长期健康发展的关键就变为数据提供者是否愿意向第三方平台持续分享数据。而保证这一目标的重点在于能否保证数据提供者的隐私信息。因此,应重点关注反馈给数据消费者的结果要保持数据的准确性,并且确保其中的隐私信息不被泄露或推断出来。要实现这一目标,在数据交易过程中主要面临两个挑战。第一个挑战是收集的数据的真实性和数据的隐私性这两个相互矛盾的目标共存。有必要以某种方式破坏数据提供者的身份信息和原始数据内容的真实性,以保证隐私保护。而数据消费者则希望获得真实、准确的数据,实现合理的利用和分析。另一个挑战来自大数据交易平台对所收集数据的处理。越来越多的交易平台不再发布原始数据集,而是提供数据服务。也就是说,只有原始数据集的查询结果会被反馈给数据消费者。这使得数据消费者变得更加难以相信所提供数据的真实性。

因此,一个优秀的大数据交易平台需要应对以下基本安全问题:

(1) 对数据的保密性的攻击。在数据交易过程中,一些恶意的消费者或外部攻击者可能会从平台发布的数据中收集敏感信息。

(2) 对身份信息的攻击。尽管大多数交易平台对参与交易的用户进行了匿名化和其他相关处理,但攻击者仍可能通过链接攻击来识别用户的身份。

(3) 对数据服务的攻击。为避免直接发布原始数据集而造成的数据泄露,许多平台采用为数据消费者提供数据服务的形式。然而,恶意攻击者仍然可以利用精心设计的查询来识别其中的机密信息。

5.3.3　拟解决的问题及理论依据

依据上述对系统实际运行环境、系统模型及攻击模型内容的描述,本章重点探讨的问题是经差分隐私机制处理后的数据集的隐私保护程度与数据集准确率之间的权衡问题。为了更加清晰地说明隐私性和精确度的关系,本章提出的方法将应用于数据交易环境。所以在考虑交易数据集隐私性和精确性的基础上,还需考虑其与数据价值的衡量关系。因此,本章拟解决的问题总结如下:

(1) 本章提出的方法应能保证交易数据集的隐私性,还应能利用差分隐私参数 ε 在一定范围内灵活调整隐私保护程度。

(2) 本章提出的方法应能保证交易数据集的精确度,且数据集的精确度应能随着隐私保护程度的调整而调整。

(3) 本章提出的方法应能衡量不同精确度的交易数据集的价值,并给出对应的支付额度。

(4) 本章提出的方法应能分析出交易数据集隐私保护强度、数据集精确度和数据集价值三者的分布规律及关系。

依据上述拟解决的问题,本章所提出的方法着重考虑差分隐私技术中不同隐私参数对数据集的隐私保护程度与精确度的权衡关系。两者的权衡关系不能仅考虑正反比,还应在此基础上考虑具体数值的取值范围,保证对比关系在一个合理的范围内。为此,将差分隐私技术引入数据交易背景中,利用交易数据集的价值来给出数据集变换的合理范围,在这个范围内衡量数据集隐私保护程度和精确度的权衡关系。以上述对关键技术理论依据的剖析,设计并实现数据集隐私保护程度与精确度权衡应用方案。

5.3.4 方案运行原理概述

根据交易市场的默认规则,服务提供商应该对同一类别中不同品质的商品及其报价给予不同的反馈。同样地,数据消费者以大数据市场中原始数据集的查询集的形式向服务提供商提出购买需求。服务提供商给数据消费者提供一系列准确性各不相同的反馈及其对应的报价,然后数据消费者可根据自己的实际情况选择最合适的一个。

为降低复杂度,DPDT 方案查询类型仅支持线性查询,且数据消费者在查询时应同时提供所需的精确度。当 DPDT 方案能够返回一个指定精确度的基于 DP 的聚合数据集并计算出所需支付的款项时,该交易被认为是成功的。

DPDT 方案针对数据消费者的线性查询集 Q 利用差分隐私技术生成特定精确度的聚合数据集,并计算应支付的费用。其中,具有特定精确度的聚合数据集的生成是通过使用 IC 机制实现的。同时,不同精确度聚合数据集的支付额度依赖算法 5.2 中迭代数据集更新算法的迭代次数和精确度之间的关系。

接下来,将分别解释发布聚合数据集和计算支付额度两个关键阶段的原则。

1. 发布聚合数据集

根据 5.2.3 节可知,IC 机制的实现是通过 $T(\alpha)$-迭代更新算法 U 和 $F(\varepsilon)$-隐私区分器 Dis 来构建关于查询集 Q 的近似匹配结果。不仅保证了查询结果的准确性,还可实现对数据集的隐私保护。

迭代更新算法 U 迭代生成一连串的数据结构 D^1,D^2,$\cdots$,D^t,直到最新的数据结构 D^t 相对于查询集 Q 很好地接近了正确结果 D^0。算法 Dis 被用作判别方法,以验证算法 U 的第 i^{th} 轮产生的数据结构 D^i 与真实数据结构之间的误差是否小于阈值。

结果数据集的精确度 α 与 IC 机制中 U 的迭代次数 L 密切相关。通过控制迭代次数 L,可以得到 DPDT 方案中需要的不同精确度的近似结果集。

2. 计算支付额度

假设 M 是从数据提供者那里获取数据和计算原始结果集的消费的实际成本总和,数据消费者支付的费用应该与获得的聚合数据集的精确度 α 成正比。数据消费者支付的费用是由算法的迭代次数决定的。通过精确度 α 和迭代次数 L 之间的分布关系 $G_{L(\alpha)}$ 可以推导出应付款项 p 和原始款项 M 之间的比例关系。

为了进一步满足隐私需求,采用拉普拉斯机制为每笔付款 p 生成拉普拉斯噪声,表示

为 $\tilde{p}$，这样可确保任何隐私信息不会被恶意用户从交易支付金额中获取。

5.3.5　方案详述

DPDT 方案的执行可细分为五大步骤，每一步的具体说明如下：

步骤 1：绘制相关分布。分布关系 $G_{L(\alpha)}$ 是由精确度 α 和迭代次数 L 之间的关系绘制的，其与选定的迭代数据集更新算法 U 相关。例如，MW 更新算法是最常用的实例化 $T(\alpha)$-迭代更新算法 U 的选项之一，其关系为 $L \leqslant 1+\dfrac{4\log|\chi|}{\alpha^2}$ [13]。为了统一后续计算，分布 $G_{L(\alpha)}$ 被归一化为 $\overline{G_{L(\alpha)}}$。

步骤 2：确定隐私参数。对二维归一化分布 overline $G_{L(\alpha)}$，确定不同精确度 α_i 的归一化迭代次数 $\overline{L}$。将 $\overline{L}$ 定义为隐私-迭代比例参数 tau_i。

步骤 3：计算支付额度。特定精确度 α_i 的支付额度由参数 tau_i 和原始结果集的成本 M 相乘计算得来。一般来说，p_i 与 $\tau_i M$ 成正比，它们之间的确切关系由选定的算法决定，该算法将在 5.4 节中实例化。

步骤 4：添加噪声干扰。将随机生成的拉普拉斯噪声 $\text{Lap}\left(\dfrac{\lambda}{\varepsilon}\right)$ 添加到原始的 p_i 中。$\tilde{p}_i$ 被用来表示经差分隐私处理后的支付结果。因此，$\tilde{p}_i = p_i + Noise = p_i + \text{Lap}\left(\dfrac{\lambda}{\varepsilon}\right)M$。由于 $\text{Lap}\left(\dfrac{\lambda}{\varepsilon}\right)$ 的预期值为 0，因此预期付款成本为 p_i，这也满足交易的基本理论原则。

步骤 5：获得结果向量。利用 IC 机制，可计算得到与精确度 α_i 相对应的聚合数据集，即 $D^{T(\alpha_i)} = \text{IC}(D, \alpha_i, \varepsilon, Dis, U)$。最后，返回关于 α_i 的结果向量 $(D^{T(\alpha_i)}, \tilde{p}_i)$。

具体算法实现可参见算法 5.3，方案的流程参见图 5.2。且假设线性查询集 Q 所对应的原始数据集 D 已确定，且数据消费者 i 已给出聚合数据集的预期精确度 α_i。

算法 5.3　差分隐私数据交易（DPDT）方案

输入：原始数据集 D，数据消费者 i 提供的精确度参数 α_i，隐私预算 ε，$T(\alpha)$-迭代更新算法 U，迭代结构算法 IC 和原始支付成本 M；

输出：聚合数据集 $D^{T(\alpha)}$，支付额度 $\tilde{p}$

1：　计算精确度 α 和算法 U 的迭代次数 $L = T(\alpha)$ 之间的分布关系 $G_{L(\alpha)}$；

2：　生成归一化分布关系 $\overline{G_{L(\alpha)}}$；

3：　依据 $\overline{G_{L(\alpha)}}$ 中的 α_i 计算得到归一化 L，并将其设定为隐私-迭代比例参数 τ_i；

4：　计算精确度为 α_i 的聚合数据集的支付额度 p_i，它们之间的关系可表示为
　　　$p_i \propto \tau_i M$；

5： 计算加入了合适拉普拉斯噪声的支付额度 $\widetilde{p}_i$，可表示为 $\widetilde{p}_i = p_i + Noise = p_i +$ $\mathrm{Lap}\left(\dfrac{\lambda}{\varepsilon}\right)M$，当且仅当 $\lambda = |\max(\overline{G_{L(\alpha)}}) - \min(\overline{G_{L(\alpha)}})|$；

6： $D^{T(\alpha_i)} = IC(D, \alpha_i, \varepsilon, Dis, U)$；

7： **return** $(D^{T(\alpha_i)}, \widetilde{p}_i)$

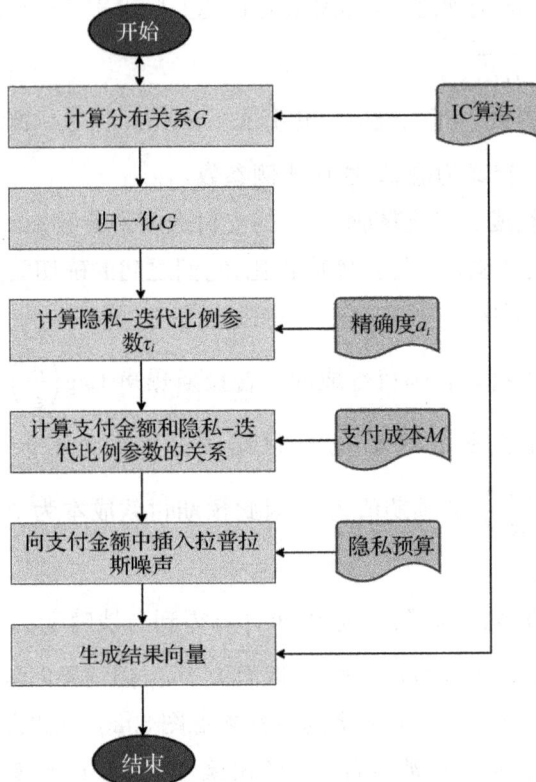

图 5.2　DPDT 方案的执行流程

5.4　仿真验证

通过为关键参数选择适当的值或范围实现对 DPDT 方案的仿真和验证。其中，MW 更新算法[158]被作为决定方案分布关系的迭代更新算法 U。算法 5.3 中步骤 1 中，准确率 α 和迭代次数 L 之间的关系见公式（5.1）。同时，$D \in \Delta(|\chi|)$。为简化计算，把 $|\chi|$ 视为数据集的大小。在仿真实验中，样本数据集的大小被设定为 100 000。

$$L = \frac{4\log|\chi|}{\alpha^2} \tag{5.1}$$

根据公式(5.1),精确度 α 与迭代次数 L 成反比。即 α 值越小,迭代次数越多,最后迭代生成的聚合数据集 D^t 与原始数据集对 Q 的查询结果的误差就越小,如图 5.3(a)所示。在极端情况下,α 的值为 0 意味着 D^t 和原始数据集之间没有误差,而这是不现实的。当 α 的值大于 0.5 时,就意味着最多只有一半的 D^t 是可靠的,这也没有任何使用价值。综上所述,将精确度 α 设定在 0.05 ~ 0.48 之间。

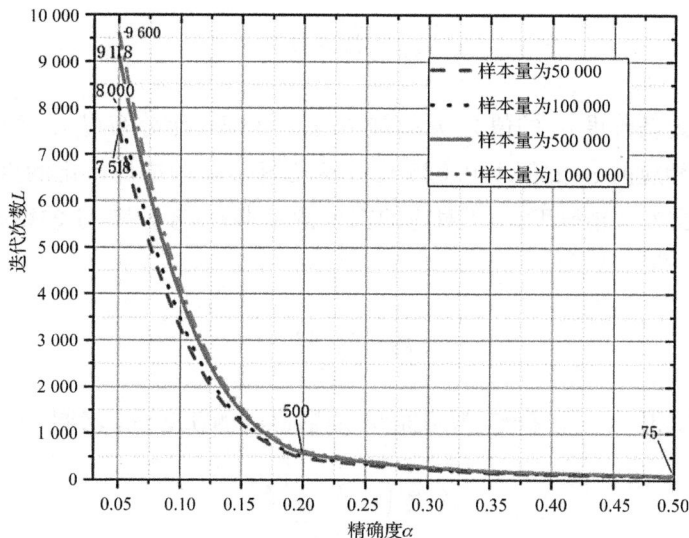

（a）精确度 α 和迭代次数的分布关系

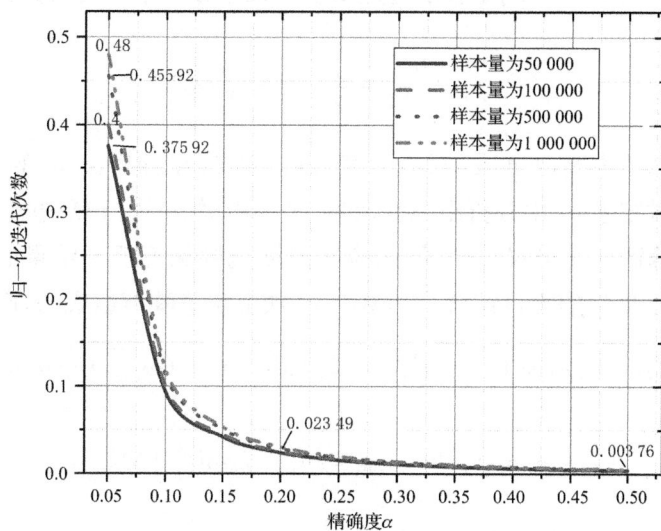

（b）精确度 α 和迭代次数归一化的分布关系

图 5.3　精确度和迭代次数关系表示

由图 5.3(a)可知,迭代次数 L 随着精确度 α 的减少而增加。而精确度 α 越小,图中的分布曲线就越陡峭,这意味着迭代次数的增加就越快。

为提高计算效率,分布关系 $G_{L(\alpha)}$ 被归一化,在算法 5.3 步骤 2 中表示为 $\overline{G_{L(\alpha)}}$。 由于精确度 α 的值本身就在 $0 \sim 0.5$ 之间,因此只对 L 实施归一化。在仿真实验中,被归一化的 L 的取值范围被固定为 $0 \sim 0.5$。归一化过程的结果如图 5.3(b) 所示。

不同数据消费者所要求的聚合数据集的精确度是不同的。在 $\overline{G_{L(\alpha)}}$ 中,就可得到不同精确度 α_i 对应的 $\overline{L(\alpha_i)}$ 值。算法 5.3 步骤 3 中隐私-迭代比例参数 τ_i 被定义为:

$$\tau_i = \overline{L(\alpha_i)} \tag{5.2}$$

若选择并确定精确度 α_i 的值为 0.2,则 $\overline{L(\alpha_i)}$ 在归一化分布 $\overline{G_{L(\alpha)}}$ 中的值为 0.026 1。根据公式(5.2),相应的 τ_i 的值为 0.026 1,可参见图 5.3(b) 中所标记的点。

算法 5.3 步骤 4 中精确度 α_i 所对应的支付额度本 p_i 与 τ_i 乘 M 的结果成正比。它们的关系如公式(5.3)所示:

$$p_i \propto \tau_i M \tag{5.3}$$

因 $\overline{L}$ 的取值范围在 0.5 之内,为确保 M 的取值范围在 $0 \sim 1$ 之间,p_i 的值被设定为:

$$p_i = \left(\tau_i + \frac{1}{2}\right) M \tag{5.4}$$

此外,用 ω_i 指代 $\left(\tau_i + \frac{1}{2}\right)$,表示特定精确度聚合数据集的支付参数:

$$p_i = \left(\tau_i + \frac{1}{2}\right) M = \omega_i M \tag{5.5}$$

若将 α 设为 0.1 为例,此时 τ_i 对应的值为 0.120 9,继而得出 ω_i 的值是 0.620 9。

为避免从支付结果 p_i 中分析出隐私信息,进一步对 p_i 执行 DP 机制以确保方案具备更强的安全性。算法 5.3 步骤 5 中,使用拉普拉斯机制保证反馈结果的隐私性,并用 $\tilde{p}_i$ 表示 p_i 经过 DP 处理后的支付结果。其是由 p_i 加上定量噪声组成的,而定量噪声是由拉普拉斯机制产生的,可表示为 $\mathrm{Lap}\left(\frac{\lambda}{\varepsilon}\right)M$,其中 $\lambda = |\max(\overline{G_{L(\alpha)}}) - \min(\overline{G_{L(\alpha)}})|$。

$$\tilde{p}_t = p_i + Noise = p_i + \mathrm{Lap}\left(\frac{\lambda}{\varepsilon}\right)M \tag{5.6}$$

在仿真实验中,$\tilde{p}_i$ 可进一步表示为:

$$\tilde{p}_i = \omega_i M + \mathrm{Lap}\left(\frac{\lambda}{\varepsilon}\right)M = \left[\omega_i + \mathrm{Lap}\left(\frac{\lambda}{\varepsilon}\right)\right]M \tag{5.7}$$

根据公式(5.4)和公式(5.6),可用 $\tilde{\omega}_t$ 表示 $\omega_i + \mathrm{Lap}\left(\frac{\lambda}{\varepsilon}\right)$,即为特定精确度的聚合数

据集所对应的加噪支付参数。公式(5.7)可以表示为：

$$\widetilde{p}_\iota = \widetilde{\omega}_\iota M \tag{5.8}$$

因为算法 5.3 中对分布 $\overline{G_{L(\alpha)}}$ 使用了 Min-Max 归一化，且 $\lambda = 0.5$，所以只需要确定变量 ε 的值。噪声支付 $\widetilde{p}$ 仍然在一个合理的、可接受的取值范围内，故 ε 值的选择很关键。如图 5.4 所示，当 ε 取不同的值时，参数 $\widetilde{\omega}_\iota$ 所对应的值是不同的。

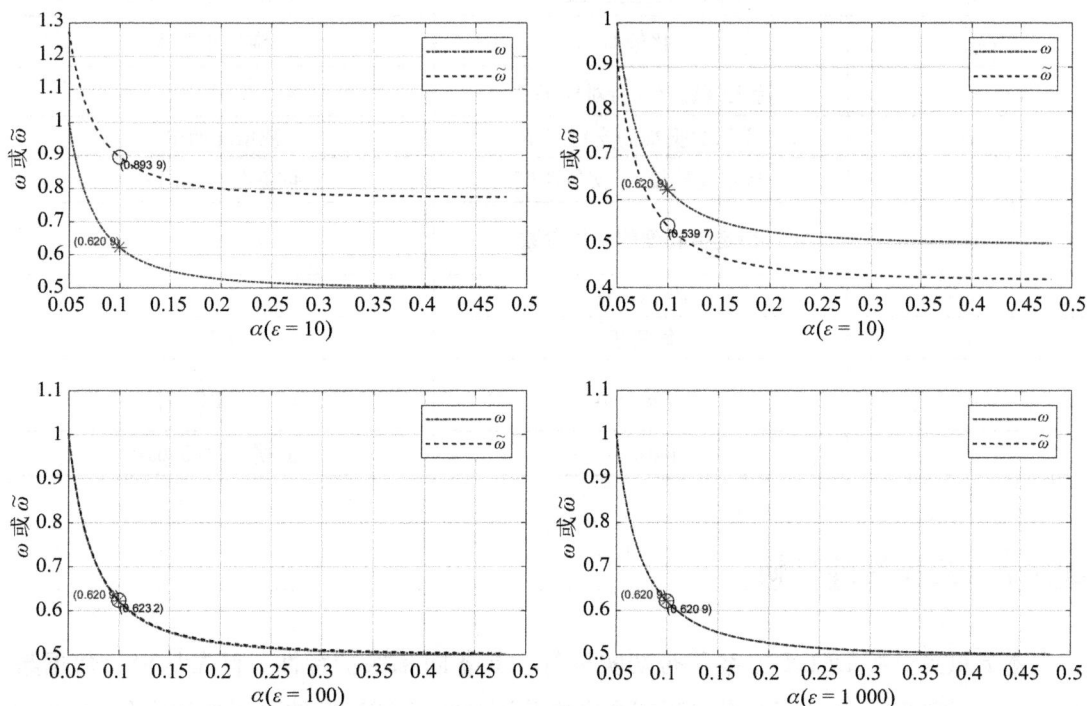

图 5.4 DPDT 方案不同隐私预算的对比分布

ω 代表没有添加噪声的结果，而 $\widetilde{\omega}$ 代表添加拉普拉斯噪声的结果。图 5.4 的 4 个子图分别表示当隐私预算为不同值时 ω 和 $\widetilde{\omega}$ 之间的距离。此外，4 个子图都在 $\alpha = 0.1$ 处标记，以方便比较 ω 和 $\widetilde{\omega}$。

当 $\varepsilon = 1$ 时，ω_i 和 $\widetilde{\omega}_\iota$ 的值分别由公式(5.5)和公式(5.7)计算，且它们的数值太大。当 $\varepsilon = 1\,000$ 时，它们的值几乎没有变化，而这是毫无意义的。当计算结果需要更加隐私时，选择 $\varepsilon = 10$，而选择 $\varepsilon = 100$ 时，结果则更加实用。选择 $\varepsilon = 10$，则 ω_i 的值是 0.620 9，$\widetilde{\omega}_\iota$ 的值是 0.666 9。

算法 5.3 第 6 步，最终计算得到一个特定精确度的聚合数据集，该聚合数据集和相应的支付被反馈给用户。实验中对各种参数的选择总结见表 5.1。

表 5.1　DPDT 方案仿真实验关键参数选择和说明

参数	含义	值
α	精确度	$0.05 \sim 0.48$
L	迭代次数	通过计算
$|\chi|$	样本大小	100 000
$G_{L(a)}$	a 和 L 的分布关系	二维分布关系
$\overline{L}$	归一化迭代次数	取值范围为 $0 \sim 0.5$
$\overline{G_{L(a)}}$	归一化的 $G_{L(a)}$	二维分布关系
τ_i	特定精确度 a 所对应的 $\overline{L}$	$\overline{L(\alpha_i)}$
M	原始数据集的支付成本	视情况而定
p_i	特定精确度 α_i 支付额度	依据公式(5.4)
ω	特定精确度的支付参数	$\tau_i + \dfrac{1}{2}$
ε	隐私预算	10
λ	敏感度	0.5
$\tilde{\omega}$	加噪的 ω	$\omega_i + \mathrm{Lap}\left(\dfrac{\lambda}{\varepsilon}\right)$
$\tilde{p}_i$	加噪的 p_i	依据公式(5.6)

5.5　方案性能分析

本节重点分析 DPDT 方案是否切实可行和具备隐私保护特性。首先从聚合数据集 $D^{T(a)}$、支付额度 $\tilde{p}$ 和数据交易过程三个方面分别分析了 DPDT 的可用性和隐私性;其次讨论了 DPDT 中可用性和隐私之间的均衡关系;最后将 DPDT 方案和一些有影响力的基于大数据市场和原始差分隐私机制进行了对比,进一步验证其可用性。

5.5.1　可用性分析

精确度是通过非隐私和隐私输出之间的差别来评估的。使用 IC 机制可为数据消费者提供精确度参数为 α 的聚合数据集。IC 机制依靠隐私区分器来实现数据集的可用性,当算法还没有形成一个最优的数据集更新序列时,区分器算法可以找到一个区分器查询,为序列增加一个步骤。关于聚合数据集的可行性分析可直接遵循该机制的分析,详见文献[87]。

对于支付额度的可行性分析,当数据消费者要求一个更准确的聚合数据集时,他们必须支付更高的额度。同时,聚合数据集的准确性与迭代次数有关,所以支付额度 p 与迭代次数成正比。p 与 τ 成正比,这代表了迭代次数和精确度之间的分布关系。算法 5.3 确保

p 与聚合数据集的精确度 α 成正比,因此,算法中 p_i 的计算方式是可用且合理的。

$\tilde{p}_i$ 值是由支付额度 p_i 加上适当拉普拉斯噪声计算得来的。如图 5.3(b) 所示,当 $\varepsilon =$ 10,$\tilde{\omega}_i$ 的值不大于 1.1 且不低于 0.5 时,$\tilde{p}_i$ 的结果是可用且合理的。

从图 5.4 中可看出,随着精确度取值的增加,ω_i 和 $\tilde{\omega}_i$ 之间的差距越来越大。当精确度 α_i 的值为 0.48 时,ω_i 和 $\tilde{\omega}_i$ 之间的距离最大。根据相关参数的取值,ω_i 和 $\tilde{\omega}_i$ 之间的最大差距小于 0.2。所以 $\tilde{p}_i$ 的取值是可用且可接受的。

对于数据交易过程的可用性分析,从并发性、计算消耗、时间资源和关键步骤的可执行性等方面分析和讨论整个数据交易过程的可行性。

DPDT 方案以非交互式的形式实现数据消费者对查询结果的操作。数据消费者给出查询集并指定精确度后,服务提供商返回特定精确度的聚合数据集和需支付的费用。整个交易过程不存在并发操作,因此不会出现过度消耗计算、通信和时间资源的情况。

使用 IC 机制来生成一个特定精确度的聚合数据集这一步骤消耗最多的计算资源。依据 5.4 节和对 IC 机制的可执行分析,这一步骤的计算和时间消耗是可以接受的。

迭代次数随着样本量的增加而增加,如图 5.5 所示。当样本量增加 10 的数量级时,迭代次数就会增加 400 次。当样本量为 10^{10} 时,迭代次数为 4001,这是可接受和易实施的。

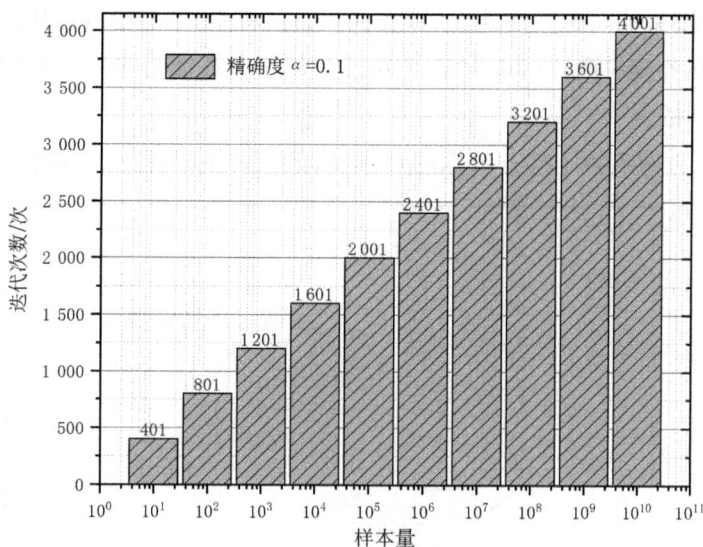

图 5.5　DPDT 方案样本量和迭代次数的关系

整个算法从获得分布开始,经过确定参数、计算支付、扰乱,最后返回结果。每个阶段都是合理且可实现的,对其中关键步骤的分析如下:

(1) 绘制分布关系。整个交易过程的核心是依据迭代更新算法 U 确定分布关系 $G_{L(\alpha)}$。这个分布关系指的是达到一定精度所需的最大迭代次数,一旦迭代更新算法 U 被确定,该关系就可以被计算和推断出来。

(2)讨论参数的唯一性。由于本方案是以线性查询为前提条件的,故分布关系 $G_{L(\alpha)}$ 对当前的迭代更新算法是单调的,因此,隐私-迭代比例参数 τ 对于不同的精确度是唯一的。

(3)控制支付范围。为进一步确保隐私性,对支付额度进行了噪声干扰操作。通过调整差分隐私参数 ε 的大小来控制干扰对支付额度的影响。换句话说,它可以保证付款在原始结果的合理可接受的价值范围内浮动。

(4)获取聚合数据集。根据理论推断,使用 IC 机制可以生成具有任何合理精度范围的聚合数据集。因此,数据消费者可根据自身情况找到性价比最高的精确度。

目前,实现大数据市场的安全措施大多是利用加密或签名。例如,Niu 等[155]提出了采用同态加密与签名的真实性和隐私保护方案。然而,实施加密保护比其他形式的保护需要更多的计算和时间资源。

在 DPDT 方案中,利用 DP 向数据集添加扰动的方法降低了计算成本。通过牺牲较少的数据真实性可以保证计算的便利性。此外,其他大数据市场的安全交易方案通常涉及多个用户请求同时处理的案例。例如,Zhao 等[154]提出了一种新的基于区块链的公平数据交易协议,需要多个用户的合作才能实现公平交易。而 DPDT 方案一次只为一个用户解决了一个查询集的问题。因此,在算法的执行过程中,不会出现因用户过多而导致的负载问题,而且服务提供商可以根据第三方云平台的计算能力来决定同时执行多少个查询集,这是可管理的。

虽然 DPDT 方案牺牲了部分数据的真实性,但在计算消耗方面节省了较多资源。

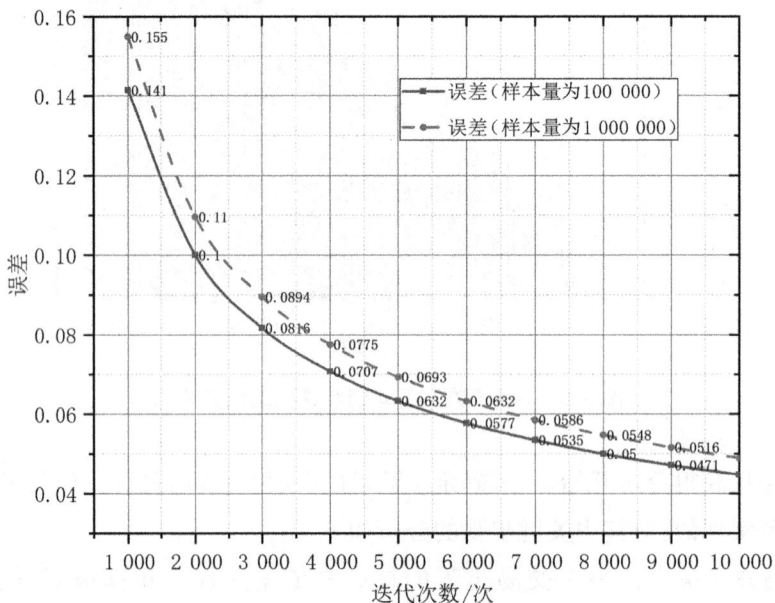

图 5.6　DPDT 方案迭代次数与误差的关系

参照表 5.1 中仿真实验各项参数,可绘制由 DPDT 方案生成的数据集迭代次数与误差关系图,具体如图 5.6 所示。从图 5.6 中可以看出,随着迭代次数的增加,经 DPDT 处理后的数据集与原始数据集的误差也逐渐减小。同时,随着样本数量的增加,同一迭代次数下,经 DPDT 处理后的数据集与原始数据集的误差会等比增大。

5.5.2　隐私性分析

在 IC 机制中,隐私性计算依赖 DP 组合定理。当几个不同的隐私机制被组合使用时,隐私定理限制了隐私的退化。因为算法由 $T(\alpha/2)$ 个步骤组成,其中每个步骤都满足 ε-差分隐私,所以 IC 的隐私性也遵循这一原则。此外,IC 机制通常选择指数机制作为 Q 的隐私区分器。那么 IC 机制对于返回的数据集 y 来说,至少有 $1-\beta$ 的概率是满足 ε-差分隐私的,$\max_{f \in Q} |f(x) - f(y)| \leqslant \alpha$,其中 f 是线性查询。关于聚合数据集的隐私分析可直接遵循文献[87]中的分析。

对于支付额度的隐私性分析,首先即使 DPDT 方案对相同的数据集、相同的精确度查询和相同的线性查询集,每次输出的支付结果也是不同的。这是因为拉普拉斯机制的引入,并通过随机性确保支付结果的隐私性。即使恶意用户试图获得相同精确度的支付,每次的结果也略有不同。这就避免了恶意用户通过获取不同精确度的支付结果从而推断出聚合数据集的其他相关信息。

图 5.7 显示了运行 DPDT 方案 10 次 $\tilde{p}$ 的不同结果,其中精确度固定为 0.1。 第一个柱形表示未添加过任何噪声的支付结果 p,它的值为 0.620 9。 接下来的 10 个柱形代表了 $\tilde{p}$ 的 10 次不同的运行结果。这 10 根柱形均由上下两部分组成,上面的部分代表由拉普拉斯机制产生的随机噪声,下面的部分代表未添加任何噪声的原始 p。 有些柱形的底部部分比第一个柱图要低是因为产生的噪声量是负的,这部分数值被抵消了。

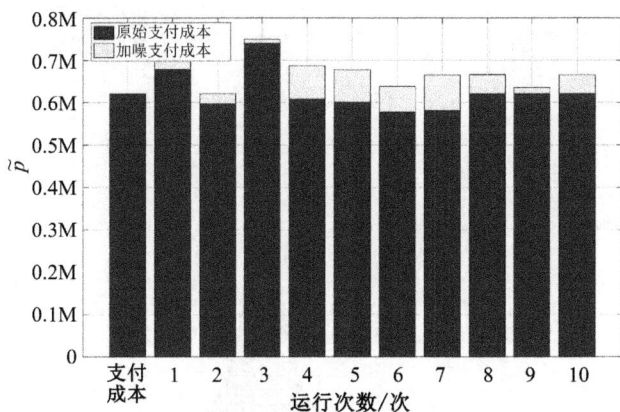

图 5.7　DPDT 方案 10 次输出结果的对比

注:M 表示原始支付成本,详见算法 5.3。

其次,最后的支付额度 $\tilde{p}$ 也满足差分隐私。依据公式(5.8),最终支付额度 $\tilde{p}$ 与参数 $\tilde{\omega}$ 相关,所以问题变成了 $\tilde{\omega}$ 是否满足差分隐私。$\tilde{\omega}_i$ 可表示为 $\omega_i + \mathrm{Lap}\left(\dfrac{\lambda}{\varepsilon}\right)$。这意味着 $\tilde{\omega}_i$ 是由特定精确度的 ω_i 和符合拉普拉斯分布的随机噪声 $\mathrm{Lap}\left(\dfrac{\lambda}{\varepsilon}\right)$ 生成的。根据拉普拉斯定义,$\tilde{\omega}$ 是满足 ε-差分隐私的。也就是说,最后的支付额度 $\tilde{p}$ 是满足 ε-差分隐私的。

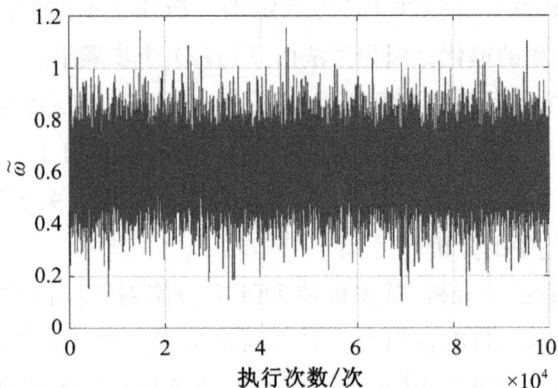

图 5.8 DPDT 方案的 $\tilde{\omega}$ 分布

回到仿真实验,精确度 $\alpha_i = 0.1$,ω_i 的值为 0.6209。重复相关步骤 10000 次,得到不同的 $\tilde{\omega}_i$,并设定隐私预算 $\varepsilon = 10$。如图 5.8 所示,$\tilde{\omega}_i$ 是一个随机分布,且它的值在 0.6209 处浮动。

最后,$\tilde{\omega}$ 的概率密度分布情况如图 5.9 所示。$\tilde{\omega}$ 的概率密度分布满足拉普拉斯的概率密度,这也证明了 $\tilde{\omega}$ 和最终支付额度款 $\tilde{p}$ 满足 ε-差分隐私。

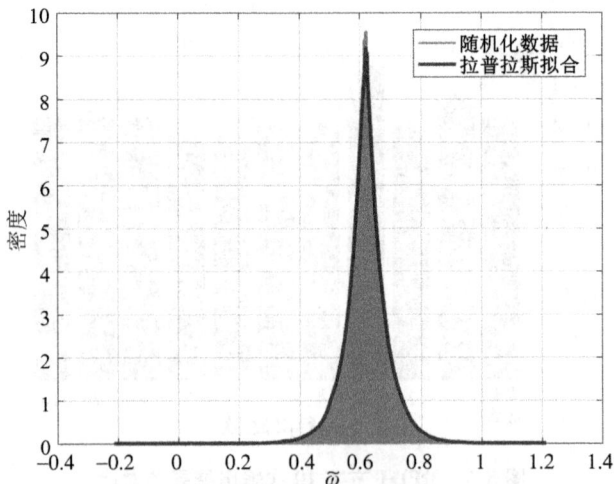

图 5.9 DPDT 方案的 $\tilde{\omega}$ 概率密度分布

对于数据交易过程的隐私性分析,是从数据保密性和对身份信息的保护两方面来分析数据处理过程的隐私问题。

1. 数据保密性

考虑到原始数据集的潜在价值和其所包含的敏感信息,数据保密性是数据交易市场的一个必要条件。原始数据不能直接转发给服务提供商或数据消费者。

DPDT 方案执行过程着重关注原始结果集和合成结果集之间的关系。隐私参数是通过迭代数据库更新算法产生的,然后再计算支付额度。为了避免公布实际结果集,它使用 DP 和学习理论来合成结果集。因此,DPDT 方案中用于生成两个输出结果的所有执行过程,实现了数据保密性。

2. 身份保护

无论是数据提供者还是消费者,都不想向对方透露敏感的个人信息。在算法的执行过程中,唯一可能暴露消费者身份信息的是支付额度。恶意用户可能通过支付结果获得消费者的经济实力等信息。对此,方案在支付额度中引入了拉普拉斯噪声来保护消费者的身份。因此,DPDT 方案中用于生成两个输出结果的所有执行过程,实现了身份保护。

5.5.3　均衡性讨论

根据 5.3.2 节,数据集的隐私保护程度和精确度的权衡是大数据市场需要解决的关键问题,即需确保所收集数据的可用性和保证数据隐私性是两个相互矛盾的目标。

DPDT 方案在处理数据集的隐私保护程度和精确度之间取得了良好的平衡。一方面,通过牺牲数据的可用性减少要支付的费用。由于增加了干扰信息,原始数据的保护程度也得到了提高。另一方面,确保高精确度的结果是更高的支付,并增加了原始数据泄漏的风险。消费者可以根据自己的需要,包括自己的经济条件和对结果准确性的要求,灵活地选择结果的准确性。

若仅考虑隐私性和精确度之间的关系,则由私有乘法权重机制可知,两者均与算法迭代次数相关。其中迭代次数 L 与精确度 α 之间的关系见式(5.1)。而迭代次数 L 与差分隐私参数 ε 之间的关系可由文献[87]得知,具体如下所示:

$$\varepsilon = 2\sqrt{\frac{\ln|\chi|}{L}} \tag{5.9}$$

由上述两个公式可知,当样本数量 $|\chi|$ 一定时,迭代次数 L 与精确度 α 成反比,即 $L \propto \dfrac{1}{\alpha}$,与隐私预算 ε 的值也成反比,即 $\varepsilon \propto \dfrac{1}{L}$。由于 ε 的值越大,对数据集的隐私保护程度就越弱,因此迭代次数 L 与隐私保护程度成正比。综上可知,经 DPDT 方案处理的数据集的精确度与隐私保护程度成反比。

参照表 5.1 中仿真实验各项参数,图 5.10 表明了 DPDT 方案归一化迭代次数和隐私

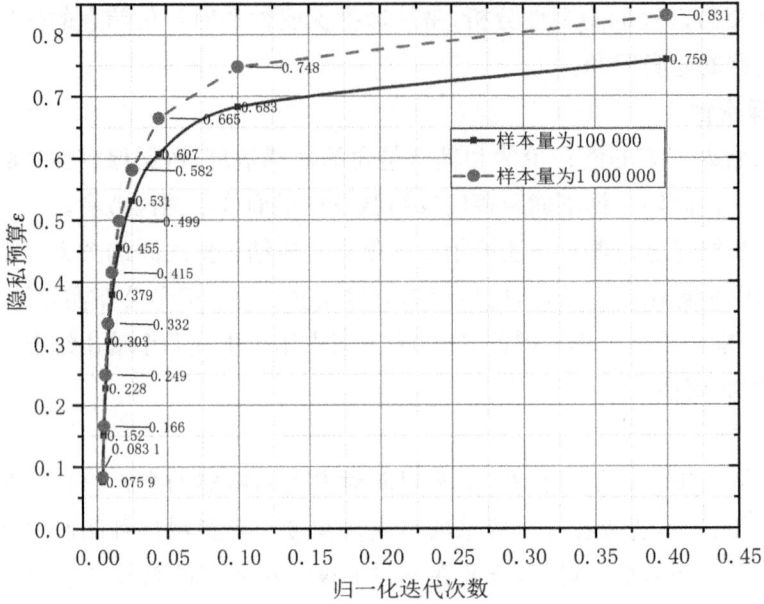

图 5.10　DPDT 方案归一化迭代次数、隐私预算 ε 与样本量三者之间的关系

预算 ε 之间的关系,并且图中分别表示了不同训练数据的样本量,即样本量分别为 100 000 和 1 000 000 两个数量级时,同一归一化迭代次数下,隐私预算取值不同。从图 5.10 中可以看出,随着归一化迭代次数的增加,隐私预算 ε 的值也逐步增加,即隐私保护强度逐步减弱。同时,随着训练样本量的增加,隐私预算 ε 的值也会逐步增加,即隐私保护强度也会减弱。

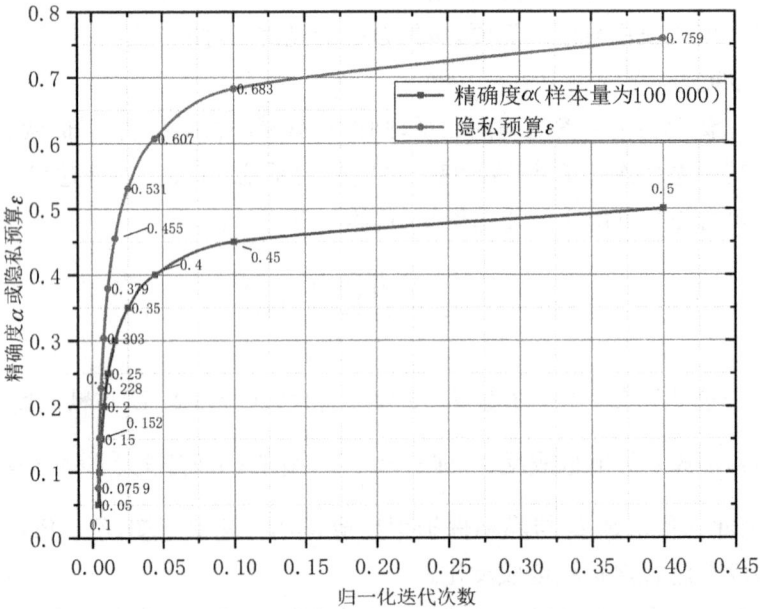

图 5.11　DPDT 方案归一化迭代次数、隐私预算 ε 与精确度 α 三者之间的关系

进一步的，参照表 5.1 中仿真实验各项参数，并依据上述分析，可绘制由 DPDT 方案生成的数据集中归一化迭代次数、隐私预算 ε 与精确度 α 三者之间的关系，具体如图 5.11 所示。从图 5.11 中可以看出，当样本量为 100 000 时，数据集的精确度 α 和隐私预算 ε 的值是随着归一化迭代次数的增加而增加的。当隐私预算 ε 的值增加时，代表数据集的隐私保护强度减弱，数据集也就越精确。上述实验仿真也满足上述理论分析。

5.5.4　对比与讨论

一般来说，密码学是保护敏感信息的有效方法，许多研究都集中在使用基于密码学的方案交易数据[149,166]。真实性和隐私保护方案在数据市场中采用了带有签名的同态加密技术。然而，加密是有风险的，消费者在解密后也会泄露原始结果集。

DP 通过牺牲一小部分数据的可用性来避免上述风险，同时保证大数据集的高准确性。因为添加干扰信息的方式改变了部分数据，消费者不能完全确定哪些信息是真实的。查询结果也只适用于消费者提交的查询集，消费者非法传播的结果将是不可信的。因此，与密码学相比，DPDT 方案也能满足大数据背景下的安全要求。

作为一种有效的隐私保护技术，DP 技术由于其普适性，可应用于各类场景中[167-168]。将其引入数据交易市场可解决数据集的隐私保护程度和精确度之间的矛盾问题。

拉普拉斯机制和指数机制是差分隐私中最经典和常用的机制，它们经常被用作大数据隐私发布或分析算法的一部分，以解决不同类型的隐私问题[169]。算法的执行效果，如计算复杂度、执行效率、隐私强度等，主要取决于算法的流程设计。如何合理地利用两种机制作为工具来实现算法流程是一个值得反复研究的问题。

DPDT 方案将拉普拉斯机制作为进一步保护支付额度隐私性的工具，将指数机制作为 IC 机制中的隐私区分器。在保证执行结果的隐私性和可用性的基础上，DPDT 算法设计未牵扯到循环操作。这与其他算法设计相比，大大提高了执行效率。虽然调用的 IC 机制包含迭代操作，但一旦在应用时确定了关键算法和参数，就可提前计算迭代结果。此外，拉普拉斯机制的应用也是为单个用户单次执行而设计的，可根据硬件的计算能力灵活地调整算法的并发数。与其他算法相比，它不容易导致计算拥堵和其他情况。

5.6　本章小结

本章提出的 DPDT 方案用以平衡大数据市场数据集的隐私保护程度和精确度之间的权衡问题。该方案通过在数据交易过程中引入 DP 技术实现聚合数据集的隐私发布和计算相应的支付额度。其中，聚合数据集的准确性可由数据消费者根据自身的情况决定。此外，方案还将支付额度 p、精确度 α 和隐私预算 ε 三者关联起来，用以实现支付的优化和隐私保护的双重保证。最后，利用真实数据对该算法进行了仿真实验，并从聚合数据集

$D^{T(\alpha)}$、支付额度 $\tilde{p}$ 和数据交易过程三个方面分别分析了其可用性和隐私性。

然而,DPDT 方案中支付额度是基于聚合数据集发布算法的,如前述的 IC 机制。这不利于数据交易市场的可变性。因此,应提升算法以减少对聚合数据集隐私发布算法的依赖性。此外,该算法每次只返回了一个聚合数据集和对应的支付额度,这也不满足未来高效的数据交易市场需求。因此,也应改进算法以更高效地反馈更多类型的信息。

第6章

总结与展望

6.1 全书总结及主要贡献

差分隐私技术作为当前隐私保护的关键技术之一,得到了广泛的研究和应用。它对隐私保护程度进行了严格的数学定义并提供量化评估方法,且能够抵抗背景知识攻击。经差分隐私技术处理的计算结果对单条记录的变化不敏感,因此可得到较高精确度的计算结果,且攻击者无法通过观察计算结果获取准确的个体信息。然而,在实际数据交互过程中,隐私信息的泄露可能发生在数据采集、传输、存储和分析等多个阶段,仅关注数据在某阶段的隐私性难以应对如今复杂多变的网络环境。现有的差分隐私数据保护方案重点解决某一特定场景下某一类型数据在采集阶段中单节点的隐私问题,仅依靠差分隐私技术实现对隐私数据的全方位保护,且完全抵抗对数据的非法获取和分析等攻击几乎是不可能的。

因此,最直接的解决方案是融合多种安全技术实现对隐私数据的多重保护。例如,在有效的数据隐私保护方案中增加针对发布数据的追踪功能,实现追查数据泄露源头的目标。在数据隐私保护方案中增加追踪功能虽然无法直接阻止隐私数据的泄露,但是对有恶意企图的人员起到了威慑作用,且利于后续数据审计工作,这也是从另一个角度保护了隐私数据。针对上述思想,本书重点围绕设计可追踪的数据隐私保护方法这一核心问题,从不同角度提出了多种数据隐私保护和追踪功能结合方案,在此基础上对方案进行深度应用,证实了可追踪的数据隐私保护方案的可行性。

本书的主要研究内容总结如下:

(1) 研究了基于差分隐私的隐私增强型可追踪噪声指纹方法,该方法将差分隐私技术和数字指纹技术相结合,并将差分隐私参数 ε 与标识性信息相关联,提出了一个详细的基于差分隐私的隐私增强型可追踪噪声指纹 PTNF-DP 方案。该方案从数字指纹的角度出发,提出了指纹生成与嵌入、指纹提取与检测和数据还原 3 个主要算法。这 3 个算法涵盖了数字指纹一次数据交互过程的全部操作步骤。从差分隐私的角度来看,该方案为不同用户提供了具备标识性的差分隐私噪声集。主要是利用差分隐私高斯机制生成满足均值为 0、方差为 σ 的高斯分布的噪声集。其中,参数 σ 是由用户标识性信息计算编码而来。为验证该方法的可用性、隐私性、鲁棒性等相关特性,利用真实数据仿真了 3 个算法的实际执行流程,并从数字指纹和差分隐私技术两个角度对实验结果进行分析和讨论。仿真和分析结果表明,由 PTNF-DP 方案的指纹嵌入算法生成的加噪聚合数据集 NAFPD 至少能保证 $(\max\{\varepsilon_1, \cdots, \varepsilon_{pl}\}, \max\{\delta_1, \cdots, \delta_{pl}\})$-差分隐私,其中 pl 为编码后的指纹大小,且对于方案中生成的隐私保护程度最高的数据集获得的线性查询和统计结果的误差率不超过 5%,这是在可接受的范围内的。方案可保证加噪聚合数据集 NAFPD 中嵌入的指纹信息的概率小于 $\left(\dfrac{1}{l}\right)^l$,其中 l 的值等价于载体数据集的大小,故方案可保证数字指纹的安全性。此外,当随机嵌入或删除的载体数据量小于 50% 时,方案能够保证数字指纹的鲁棒性,并实现对非法传播数据集来源的追踪功能。

(2) 研究了具备隐私保护功能的半盲指纹方法,其是对基于差分隐私的隐私增强型可追踪噪声指纹方法的优化和改进。该方法依旧将差分隐私技术和数字指纹技术相结合,但是将标识性信息与噪声指纹嵌入方案相关联,提出了一个详细的具备隐私保护功能的半盲指纹 PPFP 方案。该方案包含指纹坐标生成和噪声嵌入算法以及半盲指纹检测算法两个主要的算法。其中,指纹坐标生成和噪声嵌入算法能够实现将标识性信息和二维载体数据集的坐标点相关联,这些坐标点用于指定差分隐私高斯机制生成的噪声子集嵌入的位置。半盲指纹检测算法通过对比原始和噪声数据集 TND 的哈希值确定嵌入噪声的坐标点,进而识别出标识性指纹信息。该方法较前一个方法在数据集的隐私保护程度方面具备更高的灵活性。除此之外,该方法提供了更加安全的半盲指纹检测方式,即不再需要原始载体数据集的全部信息作为检测时的对照参数。为验证该方法的可用性、隐私性、鲁棒性等相关特性,利用真实数据仿真了两个算法的实际执行流程,并从数字指纹和差分隐私技术两个角度对实验结果进行分析和讨论。仿真和分析结果表明,由 PPFP 方案生成的聚合噪声数据集 TND 至少满足 $(\varepsilon_{\max}, \delta_{\max})$-差分隐私。因方案可自主选择隐私预算 ε,故其统计结果的误差与差分隐私高斯机制的误差计算方式相同,且可保证在可接受的范围内。此外,本方法在保证基本隐私保护和追踪功能的同时,能够更合理地对数字指纹信息嵌入数量进行控制,并能实现半盲检测,且能够抵御鲁棒性攻击和共谋攻击等。当随机嵌入或删除的载体数据量大于 50% 时,指纹的检测误差才会有明显的提升。

(3) 结合上述两种方法的基本思想,以机器学习数据训练过程为实施背景,提出了一种可追踪的隐私增强型机器学习分类器,该分类器能够实现对训练数据集的隐私保护和对计算节点的标记定位功能。该方案中用于训练数据集的分类器分为两类,分别为通用分类器算法和基于差分隐私的分类器算法。其中通用分类器由梯度下降等基本的训练算法充当,基于差分隐私的分类器是向通用分类器训练算法中引入参数可调的 DP 机制实现的。两类分类器算法分别训练不同的二维训练数据集分块,得到的是不同训练时间、训练精度的训练结果。基于差分隐私的分类器算法训练的数据集块的坐标位置是由当前计算节点的标识性信息编码而成的。这样在进行检测时,可通过训练一个新的数据集,计算数据集各分块的精确度,确定不一致的坐标点,继而可计算出对应计算节点的标识性信息。为验证该方案的可用性、隐私性等相关特性,利用真实数据仿真了方案的实际执行流程,并对实验结果进行分析和讨论。仿真和分析结果表明,该分类器能够在短时间内实现高精度的迭代训练。具体地说,当迭代训练次数为 100 次、$\varepsilon \geqslant 0.001$ 时,方案的准确率可以超过 80%,执行时间小于 25 s。当然,实验的执行也说明,训练迭代次数与精确度是成正比的,精确度与差分隐私参数 ε 成反比,但是在实际的训练过程中可通过增加训练迭代次数来弥补因数据集加噪引起的误差。

(4) 针对差分隐私技术的隐私和效用的权衡特性,以大数据交易过程为研究背景,设计了专门针对差分隐私技术可用性和隐私性权衡问题的处理方案 DPDT,该方案也是上述三点研究内容的理论和应用支撑。DPDT 重点讨论数据集的隐私保护程度和精确度的权衡问题,但将 DP 机制直接应用于数据交易中是不完全适配的。最显著的一点就是任何交易都要考虑数据消费者的实际需求和可支付额度。DPDT 方案能在数据交易过程中实现隐私信息保护的同时极大地还原目标数据集的分布规律,并重点讨论了交易支付额度 p、隐私预算 ε 和数据集精确度 α 三者之间的关系。为验证该方案的可用性、隐私性等相关特性,利用真实数据仿真了方案的实际执行流程,从聚合数据集 $D^{T(\alpha)}$、支付额度 $\tilde{p}$ 和数据交易过程三个方面分别分析了其可用性和隐私性。仿真和分析结果表明,DPDT 方案将拉普拉斯机制作为进一步保护支付额度隐私性的工具,将指数机制作为 IC 机制中的隐私区分器。在保证执行结果的隐私性和可用性的基础上,DPDT 算法设计未涉及循环操作。这与其他算法设计相比,大大提高了执行效率。同时,DPDT 方案是依据用户的需求指定参数 ε,故其隐私性是依据实际的 ε 计算得到。方案仿真结果的分析表明,合理的差分隐私方案能满足对数据集隐私保护程度和精确度的权衡处理。

6.2 进一步研究的方向

本书研究的最终目标是融合多种安全技术实现对复杂网络交互过程中隐私数据的多阶段的多重保护。本书研究和阐述的内容仅为其中的一部分,在未来的研究工作中,可从以下几个方面入手:

首先,针对现今复杂的分布式网络结构,分布式应用的服务器往往是不可信且总对用户的数据感兴趣。利用本地化差分隐私技术解决分布式数据隐私保护问题是可行且适配的。因此,设计基于本地化差分隐私技术在数据收集阶段同时实现对数据的隐私保护和标识性信息的嵌入功能是未来可行的探索和研究方向。其中,如何实现少量数据的标识性信息的嵌入、如何降低标识性信息的嵌入对聚合数据的分布和统计准确性的影响等都是需要解决的问题。

其次,本书的主要研究对象是文本型结构化数据集,对于半结构化、非结构化数据对象的研究还未涉及。因此研究不同数据对象的数据结构,设计和实现可应用于多媒体数据、网页数据、流量数据等数据对象的可追踪型数据隐私保护方法也是未来可研究和探索的方向。

最后,将差分隐私及其衍生技术与其他安全技术相结合,如访问控制、加密、模式识别技术等。针对各个数据阶段的特点,以差分隐私及其衍生技术为核心,融合多种安全技术,探索差分隐私与多种安全技术结合的数据隐私多重保护核心算法,平衡计算结果隐私性、安全性、精确性等关键性能,实现对隐私数据的多阶段、多方位保护是未来可行的探索和研究方向。

参考文献

[1] Huang Y, Li Y J, Cai Z P. Security and privacy in metaverse: A comprehensive survey[J]. Big Data Mining and Analytics, 2023, 6(2): 234-247.

[2] Wang Y Q, Poor H V. Decentralized stochastic optimization with inherent privacy protection[J]. IEEE Transactions on Automatic Control, 2023, 68(4): 2293-2308.

[3] Mehta M N, Reeb D M and Zhao W L. Shadow trading[J]. Accounting Review, 2021, 96(4): 367-404.

[4] 新华网. 中央网络安全和信息化领导小组第一次会议召开习近平发表重要讲话 [EB/OL]. (2014-02-27)[2015-03-07]. http://www.cac.gov.cn/2014-02/27/c_1116669857.htm.

[5] 中国人大网.《中华人民共和国数据安全法》将于9月1日起施行[EB/OL]. (2021-06-10)[2025-03-10]. http://www.npc.gov.cn/npc/c2/c30834/202106/t20210610_311888.html.

[6] Dalenius T. Towards a methodology for statistical disclosure control[J]. Statistisk Tidskrift, 1977, 5: 429-442.

[7] Adam N R, Worthmann J C. Security-control methods for statistical databases: A comparative study[J]. ACM Computing Surveys, 1989, 21(4): 515-556.

[8] Pinkas B. Cryptographic techniques for privacy-preserving data mining [J]. ACM Sigkdd Explorations Newsletter, 2002, 4(2): 12-19.

[9] Samarati P, Sweeney L. Generalizing Data to Provide Anonymity When Disclosing Information [C]//Proceedings of the 17th ACMSIGACT-SIGMOD-SIGART Symposium on Principles of Database Systems. New York, NY, USA: Association for Computing Machinery, 1998: 188.

[10] Dwork C. Differential privacy[M]. Berlin: Springer-Verlag, 2006.

[11] Song D X, Wagner D, Perrig A. Practical techniques for searches on encrypted data [C]// Proceedings of the 2000 IEEE Symposium on Security and Privacy S&P. Berkeley, CA, USA. IEEE, 2000: 44-55.

[12] Sweeney L. K-anonymity: A model for protecting privacy[J]. International Journal of Uncertainty, Fuzziness and Knowlege-Based Systems, 2002, 10(5): 557-570.

[13] Dwork C, Roth A. The algorithmic foundations of differential privacy[M]. Hannover: Now Publishers, 2014.

[14] Jain P, Gyanchandani M, Khare N. Differential privacy: Its technological prescriptive using big data[J]. Journal of Big Data, 2018, 5(1): 15.

[15] Cheng X, Tang P, Su S, et al. Multi-party high-dimensional data publishing under differential

privacy[J]. IEEE Transactions on Knowledge and Data Engineering, 2019, 32(8): 1557-1571.

[16] Jung W, Kwon S, Shim K. TIDY: Publishing a time interval dataset with differential privacy[J]. IEEE Transactions on Knowledge and Data Engineering, 2019, 33(5): 2280-2294.

[17] McSherry F. Privacy integrated queries: an extensible platform for privacy-preserving dataanalysis [J]. Communications of the ACM, 2010, 53(9): 89-97.

[18] Novac O C, Novac M, Gordan C, et al. Comparative study of Google Android, Apple iOS and Microsoft Windows Phone mobile operating systems[C]//2017 14th International Conference on Engineering of Modern Electric Systems (EMES). Oradea, Romania. IEEE, 2017: 154-159.

[19] da Slva M R, Ramos T M, de Holanda M T. Geographic information system with public participat on IoS system[C]//2017 12th Iberian Conference on Information Systems and Technologies (CISTI). Lisbon, Portugal. IEEE, 2017: 1-5.

[20] Nguyên T T, Xiao X K, Yang Y, et al. Collecting and analyzing data from smart device users with local differential privacy[EB/OL]. [2025-03-10]. https://arxiv. org/abs/1606. 05053v1.

[21] Erlingsson Ú, Pihur V, Korolova A. RAPPOR: Randomized aggregatable privacy-preserving ordinal response[C]//Proceedings of the 2014 ACM SIGSAC Conference on Computer and Communications Security. Scottsdale, AZ, USA. ACM, 2014: 1054-1067.

[22] Götz M, Nath S, Gehrke J. MaskIt: Privately releasing user context streams for personalized mobile applications[C]//Proceedings of the 2012 ACM SIGMOD International Conference on Management of Data. Scottsdale, AZ, USA. ACM, 2012: 289-300.

[23] Kairouz P, Bonawitz K, Ramage D. Discrete distribution estimation under local privacy[EB/OL]. (2016-06-15)[2025-03-15]. https://arxiv. org/abs/1602. 07387v3.

[24] Mivule K, Turner C, Ji S Y. Towards A differential privacy and utility preserving machine learning classifier[J]. Procedia Computer Science, 2012, 12: 176-181.

[25] Gong M G, Xie Y, Pan K, et al. A survey on differentially private machine learning[J]. IEEE Computational Intelligence Magazine, 2020, 15(2): 49-64.

[26] Aripita G, Aaron R. Selling privacy at auction[C]//Proceedings of the 12th ACM Conference on Electronic commerce, New York, NY, USA, 2011: 199-208.

[27] Gambs S, Lolive J, Robert J. Entwining sanitization and personalization on databases[C]// Proceedings of the 2018 on Asia Conference on Computer and Communications Security. New York, NY, USA. ACM, 2018: 207-219.

[28] Kieseberg P, Schrittwieser S, Mulazzani M, et al. An algorithm for collusion-resistant anonymization and fingerprinting of sensitive microdata[J]. Electronic Markets, 2014, 24(2): 113-124.

[29] Dwork C. A firm foundation for private data analysis[J]. Communications of the ACM, 2011, 54 (1): 86-95.

[30] Dwork C, Kenthapadi K, McSherry F et al. Our data, ourselves: Privacy via distributed noise generation[M]. Berlin, Heidelberg: Springer Berlin Heidelberg, 2006.

[31] Beimel A, Nissim K, Stemmer U. Private learning and sanitization: Pure vs. approximate differential privacy[EB/OL]. (2014-07-10)[2025-03-10]. https://arxiv. org/abs/1407. 2674v1.

[32] Nissim K, Raskhodnikova S, Smith A. Smooth sensitivity and sampling in private data analysis [C]//Proceedings of the 39th Annual ACM Symposium on Theory of Computing. San Diego California USA. New York, NY, USA. ACM, 2007.

[33] Dwork C. Calibrating noise to sensitivity in private data analysis[J]. Lecture Notes in ComputerScience, 2012, 3876(8): 265-284.

[34] Mcsherry F, Talwar K. Mechanism design via differential privacy[J]. IEEE Computer Society, 2007, 94-103.

[35] Wang J, Liu S B, Li Y K. A review of differential privacy in individual data release[J]. International Journal of Distributed Sensor Networks, 2015.

[36] Zhu T Q, Li G, Zhou W L, et al. Differentially private data publishing and analysis: A survey[J]. IEEE Transactions on Knowledge and Data Engineering, 2017, 29(8): 1619-1638.

[37] McSherry F D. Privacy integrated queries: An extensible platform for privacypreserving data analysis[C]//Proceedings of the 2009 ACM SIGMOD International Conference on Management of Data. New York, NY, USA. ACM, 2009: 19-30.

[38] Dwork C. Differential privacy: A survey of results[M]//Theory and applications of models of computation. Berlin, Heidelberg: Springer Berlin Heidelberg, 2008: 1-19.

[39] Blum A, Ligett K and Roth A. A learning theory approach to non-interactive database privacy [C]//Proceedings of the 40th Annual ACM Symposium on Theory of Computing. New York, NY, USA. ACM, 2008: 609-618.

[40] Zhang J, Cormode G, Procopiuc C M, et al. Private release of graph statistics using ladder functions[C]//Proceedings of the 2015 ACM SIGMOD International Conference on Management of Data. New York, NY, USA. ACM, 2016.

[41] Hu X Y, Ye D Y, Zhu T Q, et al. A differentially private auction mechanism in online social networks[J]. Journal of Systems Science and Systems Engineering, 2021, 30(4): 386-399.

[42] Li G, Cai Z, YinGetal. Differentially private recommendation system based on commuity detection in social network applications[J]. Security & Communication Networks, 2018, 2018: 1-18.

[43] Arcolezi H H, Couchot J F, Cerna S, et al. Forecasting the number of firefighter interventions per region with local-differential-privacy-based data[J]. Computers & Security, 2020, 96.

[44] Chen R, Li H R, Qin A K, et al. Private spatial data aggregation in the local setting[C]//2016 IEEE 32nd International Conference on Data Engineering (ICDE). Helsinki, Finland. IEEE, 2016: 289-300.

[45] Shen Y L, Jin H X. EpicRec: Towards practical differentially private framework for personalized recommendation[C]//Proceedings of the 2016 ACM SIGSAC Conference on Computer and Communications Security. Vienna, Austria. ACM, 2016: 180-191.

[46] Zhou H, Yang G, Xu Y H, et al. Effective matrix factorization for recommendation with local

differential privacy[M]//Liu F Xu S H, Yung M, et al. Science of cyber security. Cham: Springer International Publishing, 2019: 235-249.

[47] Shin H, Kim S, Shin J, et al. Privacy enhanced matrix factorization for recommendation with local differential privacy[J]. IEEE Transactions on Knowledge and Data Engineering, 2018, 30(9): 1770-1782.

[48] Zhang J, Zhang Z J, Xiao X K, et al. Functional mechanism: Regression analysis under differential privacy[J]. Proceedings of the VLDB Endowment, 2012, 5(11): 1364-1375.

[49] McMahan H B, Ramage D, Talwar K et al. Learning differentially private language models without losing accuracy[J]. Computing Research Repository, 2017.

[50] Bhowmick A, Duchi J, Freudiger J et al. Protection against reconstruction and its applications in private federated learning [EB/OL]. [2025-03-10]. https://arxiv.org/abs/1812.00984.

[51] Mohammed N, Chen R, Fung B C M et al. Differentially private data release for data mining[C]// Proceedings of the 17th ACM SIGKDD International Conference on Knowledge Discovery and Data Mining. New York, NY, USA. ACM, 2011: 493-501.

[52] Jia J Y, Gong N Z. Calibrate: Frequency estimation and heavy hitter identification with local differential privacy via incorporating prior knowledge [C]//IEEE INFOCOM 2019 — IEEE Conference on Computer Communications. Paris, France. IEEE, 2019: 2008-2016.

[53] Mishra N and Sandler M. Privacy viapseudorandom sketches[C]//Proceedings of the 25th ACM SIGMOD-SIGACT-SIGART Symposium on Principles of Database Systems. NewYork, NY, USA: Association for Computing Machinery, 2006: 143-152.

[54] Kasiviswanathan S P, Rudelson M, Smith A, et al. The price of privately releasing contingency tables and the spectra of random matrices with correlated rows[C]//Proceedings of the 42nd Annual ACM Symposium on Theory of Computing. New York, NY, USA. ACM, 2010: 775-784.

[55] Wagh S, He X, Machanavajjhala A et al. DP-cryptography: Marrying differential privacy and cryptography in emerging applications[J]. Communication ACM, 2021, 64(2): 84-93.

[56] Kasiviswanathan S P, Lee H K, Nissim K et al. What can we learn privately? [J]. Society for Industrial and Applied Mathematics, 2011, 40(3): 793-826.

[57] Hardt M, Talwar K. On the geometry of differential privacy[C]//Proceedings of the 42nd Annual ACM Symposium on Theory of Computing. New York, NY, USA. ACM, 2010: 705-714.

[58] Xiao X K, Wang G Z, Gehrke J. Differential privacy via wavelet transforms[J]. IEEE Transactions on Knowledge and Data Engineering, 2010, 23(8): 1200-1214.

[59] Xiao Y H, Xiong L, Yuan C. Differentially private data release through multidimensional partitioning[M]//Jonker W, Petković M. Secure data management. Berlin, Heidelberg: Springer Berlin Heidelberg, 2010: 150-168.

[60] Kellaris G, Papadopoulos S. Practical differential privacy via grouping and smoothing [J]. Proceedings of the VLDB Endowment, 2013, 6(5): 301-312.

［61］Kellaris G, Papadopoulos S, Xiao X K, et al. Differentially private event sequences over infinite streams[J]. Proceedings of the VLDB Endowment, 2014, 7(12): 1155-1166.

［62］Qardaji W, Yang W N, Li N H. PriView: Practical differentially private release of marginal contingency tables[C]//Proceedings of the 2014 ACM SIGMOD International Conference on Management of Data. Snowbird, Utah, USA. ACM, 2014: 1435-1446.

［63］Muthukrishnan S, Nikolov A. Optimal private halfspace counting via discrepancy[C]//Proceedings of the 44th Annual ACM Symposium on Theory of Computing. New York, NY, USA. ACM, 2012: 1285-1292.

［64］Duchi J C, Jordan M I, Wainwright M J. Local privacy and statistical minimax rates[C]//2013 IEEE 54th Annual Symposium on Foundations of Computer Science. Berkeley, CA, USA. IEEE, 2013: 429-438.

［65］Wang D, Xu J H. On sparse linear regression in the local differential privacy model[J]. IEEE Transactions on Information Theory, 2021, 67(2): 1182-1200.

［66］Zheng K, Mou W L, Wang L W. Collect at once, use effectively: Making non-interactive locally private learning possible[C]//Proceedings of the 34th International Conference on Machine Learning, 2017: 4130-4139.

［67］Wang D, Gaboardi M and Xu J H. Empirical risk minimization in non-interactive local differential privacy revisited[C]//Advances in Neural InformationProcessing Systems 31: Annual Conference on Neural Information Processing Systems 2018, NeurIPS 2018, Montreal, Canada. 2018: 973-982.

［68］Joseph M, Mao J M, Neel S, et al. The role of interactivity in local differential privacy[C]//2019 IEEE 60th Annual Symposium on Foundations of Computer Science (FOCS). Baltimore, MD, USA. IEEE, 2019: 94-105.

［69］Canonne C L, Kamath G, McMillan A, et al. The structure of optimal private tests for simple hypotheses[C]//Proceedings of the 51st Annual ACM SIGACT Symposium on Theory of Computing. Phoenix, AZ, USA. ACM, 2019: 310-321.

［70］Mahawaga Arachchige P C, Bertok P, Khalil I, et al. Local differential privacy for deep learning[J]. IEEE Internet of Things Journal, 2020, 7(7): 5827-5842.

［71］Xu C G, Ren J, She L, et al. EdgeSanitizer: Locally differentially private deep inference at the edge for mobile data analytics[J]. IEEE Internet of Things Journal, 2019, 6(3): 5140-5151.

［72］Wang D, Xu J. Lower bound of locally differentially private sparse covariance matrix estimation[C]//Proceedings of the 28th International Joint Conference on Artificial Intelligence. Macao, China, 2019: 4788-4794.

［73］Ge J, Wang Z, Wang M, et al. Minimax-optimal privacy-preserving sparse PCA in distributed systems[C] // Proceedings of the 21st International Conference on Artificial Intelligence and Statistics. Lanzarote, Canary Islands , Spain,2018.

［74］Kaplan H and Stemmer U. Differentially private k-means with constant multiplicative error[C]//

Proceedings of the 32nd International Conference on Neural Information Processing Systems. Red Hook, NY, USA: Curran Associates Inc. , 2018: 5431-5441.

[75] Bun M, Nelson J, Stemmer U. Heavy hitters and the structure of local privacy[J]. ACM Transactions on Algorithms, 2019, 15(4): 1-40.

[76] Qin Z, Yang Y, Yu T, et al. Heavy hitter estimation over set-valued data with local differential privacy[C]//Proceedings of the 2016 ACM SIGSAC Conference on Computer and Communications Security. Vienna, Austria. ACM, 2016: 192-203.

[77] Erlingsson Ú, Feldman V, Mironov I, et al. Amplification by shuffling: From local to central differential privacy *via* anonymity[C]//Proceedings of the 30th Annual ACM-SIAM Symposium on Discrete Algorithms. Philadelphia, PA. Society for Industrial and Applied Mathematics, 2019: 2468-2479.

[78] Balle B, Bell J, Gascón A, et al. The privacy blanket of the shuffle model[C]// Advances in Cryptology - CRYPTO 2019. Cham: Springer International Publishing, 2019: 638-667.

[79] Zhao D, Chen H, Zhao S Y, et al. Local differential privacy with K-anonymous for frequency estimation[C]//2019 IEEE International Conference on Big Data (Big Data). Los Angeles, CA, USA. IEEE, 2019: 5819-5828.

[80] Cormode G, Kulkarni T, Srivastava D. Answering range queries under local differential privacy[J]. Proceedings of the VLDB Endowment, 2019, 12(10): 1126-1138.

[81] Gu X L, Li M, Cao Y, et al. Supporting both range queries and frequency estimation with local differential privacy[C]//2019 IEEE Conference on Communications and Network Security (CNS). Washington DC, USA. IEEE, 2019: 124-132.

[82] Chatzikokolakis K, Andrés M E, Bordenabe N E, et al. Broadening the scope of differential privacy using metrics[M]//De Cristofaro E, Murdoch S J. Privacy enhancing technologies. Berlin, Heidelberg: Springer Berlin Heidelberg, 2013: 82-102.

[83] Yang J Y, Wang T H, Li N H, et al. Answering multi-dimensional range queries under local differential privacy[J]. Proceedings of the VLDB Endowment, 2020, 14(3): 378-390.

[84] Xu M, Wang T H, Ding B et al. DPSAaS: Multi-dimensional data sharing and analytics as services under local differential privacy[J]. Proceedings of the VLDB Endowment, 2019, 12(12): 1862-1865.

[85] Kim J W, Jang B. Workload-aware indoor positioning data collection via local differential privacy [J]. IEEE Communications Letters, 2019, 23(8): 1352-1356.

[86] Blum A, Dwork C, McSherry F, et al. Practical privacy: The SuLQ framework[C]//Proceedings of the 24th ACM SIGMOD-SIGACT-SIGART Symposium on Principles of Database Systems. Baltimore, Maryland, USA. ACM, 2005: 128-138.

[87] Gupta A, Roth A, Ullman J. Iterative constructions and private data release[M]//Cramer R. Theory of cryptography. Berlin, Heidelberg: Springer Berlin Heidelberg, 2012: 339-356.

[88] Qardaji W, Yang W N, Li N H. Understanding hierarchical methods for differentially private

histograms[J]. Proceedings of the VLDB Endowment, 2013, 6(14): 1954-1965.

[89] Chan T H, Shi E, Song D. Private and continual release of statistics[J]. ACM Transactions on Information and System Security, 2011, 14(3): 1-24.

[90] Zheng X, Zhang L Z, Li K Y, et al. Efficient publication of distributed and overlapping graph data under differential privacy[J]. Tsinghua Science and Technology, 2022, 27(2): 235-243.

[91] Chen R, Mohammed N, Fung B C M, et al. Publishing set-valued data *via* differential privacy[J]. Proceedings of the VLDB Endowment, 2011, 4(11): 1087-1098.

[92] Zhang J, Cormode G, Procopiuc C M, et al. PrivBayes: Private data release via Bayesian networks [J]. ACM Transactions on Database Systems, 2017, 42(4): 1-41.

[93] 林富鹏, 吴英杰, 王一蕾, 等. 差分隐私二维数据流统计发布[J]. 计算机应用, 2015, 35(1): 88-92.

[94] Wang T, Yang X Y, Ren X B, et al. Adaptive differentially private data stream publishing in spatio-temporal monitoring of IoT[C]//2019 IEEE 38th International Performance Computing and Communications Conference (IPCCC). London, United Kingdom. IEEE, 2019: 1-8.

[95] Cormode G, Procopiuc C, Srivastava D, et al. Differentially private spatial decompositions[C]// 2012 IEEE 28th International Conference on Data Engineering. Arlington, VA, USA. IEEE, 2012: 20-31.

[96] Chen L, Yu T, Chirkova R. Differentially private K-skyband query answering through adaptive spatial decomposition[M]//Livraga G, Zhu S. Data and applications security and privacy XXXI. Cham: Springer International Publishing, 2017: 142-163.

[97] Nikolov A, Talwar K, Zhang L. The geometry of differential privacy: The small database and approximate cases[J]. SIAM Journal on Computing, 45(2), 575-616.

[98] Lyu M, Su D, Li N H. Understanding the sparse vector technique for differential privacy[J]. Proceedings of the VLDB Endowment, 2017, 10(6): 637-648.

[99] McSherry F D. Privacy integrated queries: An extensible platform for privacy-preserving data analysis[C]//Proceedings of the 2009 ACM SIGMOD International Conference on Management of data. Rhode Island, USA. ACM, 2009: 19-30.

[100] Chaudhuri K, Monteleoni C, Sarwate A D. Differentially private empirical risk minimization[J]. Journal of Machine Learning Research, 2011, 12: 1069-1109.

[101] Rubinstein B I P, Bartlett P L, Huang L, et al. Learning in a large function space: Privacy-preserving mechanisms for SVM learning[J]. Journal of Privacy and Confidentiality, 2012, 4(1).

[102] Phan N, Wang Y, Wu X T, et al. Differential privacy preservation for deep auto-encoders: An application of human behavior prediction[C]. Proceedings of the AAAI Conference on Artificial Intelligence. Palo Alto: AAAI Press. 2016.

[103] Jagannathan G, Pillaipakkamnatt K, Wright R N. A practical differentially private random decision tree classifier[C]//2009 IEEE International Conference on Data Mining Workshops. Miami, FL, USA. IEEE, 2009: 114-121.

[104] Feldman D, Fiat A, Kaplan H, Nissim K. Private coresets[C]//Proceedings of the 41st Annual ACM Symposium on Theory of Computing. Bethesda, MD, USA. ACM, 2009: 361-370.

[105] Lee J, Clifton C W. Top-k frequent itemsets via differentially private FP-trees[C]//Proceedings of the 20th ACM SIGKDD International Conference on Knowledge Discovery and Data Mining. New York, N Y USA. ACM, 2014: 931-940.

[106] Lanter D P. Design of a lineage-based meta-data base for GIS[J]. Cartography and Geographic Information Systems, 1991, 18(4): 255-261.

[107] Cox I J, Kilian J, Leighton F T, et al. Secure spread spectrum watermarking for multimedia[J]. IEEE Transactions on Image Processing, 1997, 6(12): 1673-1687.

[108] Chor B, Fiat A, Naor M, et al. Tracing traitors[J]. IEEE Transactions on Information Theory, 2000, 46(3): 893-910.

[109] Boneh D, Shaw J. Collusion-secure fingerprinting for digital data[J]. IEEE Transactions on Information Theory, 1998, 44(5): 1897-1905.

[110] Laarhoven T, Doumen J, Roelse P, et al. Dynamic tardos traitor tracing schemes[J]. IEEE Transactions on Information Theory, 2013, 59(7): 4230-4242.

[111] Trappe W, Wu M, Wang Z J, et al. Anti-collusion fingerprinting for multimedia[J]. IEEE Transactions on Signal Processing, 2003, 51(4): 1069-1087.

[112] Trung T V, Martirosyan S. New constructions for IPP codes [J]. Designs, Codes and Cryptography, 2005, 35(2): 227-239.

[113] Blackburn S R. Frameproof codes[J]. SIAM Journal on Discrete Mathematics, 2003, 16(3): 499-510.

[114] Silverberg A, Staddon J, Walker J L. Efficient traitor tracing algorithms using list decoding[M]// Advances in Cryptology — ASIACRYPT 2001. Berlin, Heidelberg: Springer Berlin Heidelberg, 2001: 175-192.

[115] Safavi-Naini R, Wang Y J. Collusion secure q-ary fingerprinting for perceptual content[M]// Security and Privacy in Digital Rights Management. Berlin, Heidelberg: Springer Berlin Heidelberg, 2002: 57-75.

[116] He S, Wu M. Collusion-resistant dynamic fingerprinting for multimedia[C]//2007 IEEE International Conference on Acoustics, Speech and Signal Processing — ICASSP '07. Honolulu, HI, USA. IEEE, 2007: 289-292.

[117] Anthapadmanabhan N P, Barg A. Two-level fingerprinting: Stronger definitions and code constructions[C]//2010 IEEE International Symposium on Information Theory. Austin, TX, USA. IEEE, 2010: 2528-2532.

[118] Wang Z J, Wu M, Trappe W, et al. Group-oriented fingerprinting for multimedia forensics[J]. EURASIP Journal on Advances in Signal Processing, 2004, 2004(14): 237435.

[119] He S, Wu M. Joint coding and embedding techniques for Multimedia fingerprinting[J]. IEEE Transactions on Information Forensics and Security, 2006, 1(2): 231-247.

[120] Lian S G, Chen X. Lightweight secure multimedia distribution based onhomomorphic operations [J]. Telecommunication Systems, 2012, 49(2): 187-197.

[121] Tsubouchi M, Maeda T, Okabe Y. Digital fingerprinting on executable file for tracking illegal uproaders[C]//2014 IEEE 38th International Computer Software and Applications Conference Workshops. Vasteras, Sweden. IEEE, 2014: 325-330.

[122] Zhao X W, Zhao G F, Li H. Generic codes based traitor tracing and revoking scheme from attribute-based encryption[C]//2014 IEEE International Conference on Computer and Information Technology. Xi'an, China. IEEE, 2014: 299-306.

[123] Elhoseny M, Zaher M, Shehab A, et al. FPSS: Fingerprint-based semantic similarity detection in big data environment[C]//2017 Eighth International Conference on Intelligent Computing and Information Systems (ICICIS). Cairo, Egypt. IEEE, 2017: 379-384.

[124] Ikegami Y, Yamauchi T. Attacker investigation system triggered by information leakage[C]// 2015 IIAI 4th International Congress on Advanced Applied Informatics. Okayama, Japan. IEEE, 2015: 24-27.

[125] Ahmad M, Shahid A, Qadri M Y, et al. Fingerprinting non-numeric datasets using row association and pattern generation [C]//2017 International Conference on Communication Technologies (ComTech). Rawalpindi, Pakistan. IEEE, 2017: 149-155.

[126] Liu C, Ling H F, Zou F H, et al. Local and global structure preserving hashing for fast digital fingerprint tracing[J]. Multimedia Tools and Applications, 2015, 74(18): 8003-8023.

[127] Chidambaram N, Raj P, Thenmozhi K, et al. Enhancing the security of customer data in cloud environments using a novel digital fingerprinting technique[J]. International Journal of Digital Multimedia Broadcasting, 2016.

[128] Qureshi A, Megías D, Rifà-Pous H. PSUM: Peer-to-peer multimedia content distribution using collusion-resistant fingerprinting[J]. Journal of Network and Computer Applications, 2016, 66: 180-197.

[129] Li Y Z, Li Y, Luo X. An adaptive blind watermarking algorithm based on DCT and its application in big data[C]//2018 6th International Conference on Advanced Cloud and Big Data (CBD). Lanzhou, China. IEEE, 2018: 220-224.

[130] Dua D, Graff C. UCI machine learning repository [EB/OL]. [2023-03-10]. https://archive. ics. uci. edu/ml/index. php.

[131] Kohavi R. Scaling up the accuracy of naive-Bayes classifiers: A decision-tree hybrid [C]// Proceedings of the 2nd International Conference on Knowledge Discovery and Data Mining, 1996: 202-207.

[132] Ji T, Ayday E, Yilmaz E et al. Differentially-private fingerprinting of relational databases [EB/ OL]. (2022-03-06)[2025-03-15]. https://arxiv. org/abs/2109. 02768.

[133] Li D Z, Dong X, Li M L. Differential privacy for publishing enterprise-scale WLAN traces[J]. Soft Computing, 2019, 23(14): 5667-5682.

[134] Chen R, Xiao Q, Zhang Y, et al. Differentially private high-dimensional data publication via sampling-based inference[C]//Proceedings of the 21th ACM SIGKDD International Conference on Knowledge Discovery and Data Mining. Sydney, NSW, Australia. ACM, 2015: 129-138.

[135] Fang B X, Jia Y, Liu A P, et al. Privacy preservation in big data: A survey[J]. Big Data Research, 2020, 2(1): 1-18.

[136] Cox I, Miller M, Bloom J et al. Digital watermarking and steganography[M]. 2 edition. San Francisco: Morgan Kaufmann Publishers Inc, 2007.

[137] Chang C H, Zhang L. A blind dynamic fingerprinting technique for sequential circuit intellectual property protection[J]. IEEE Transactions on Computer-Aided Design of Integrated Circuits and Systems, 2014, 33(1): 76-89.

[138] Doherty J, Oriyano S P. Wireless and mobile device security[M]. Burlington: Jones & Barlett Learning Information Systems Security & Assurance, 2015.

[139] Wang S Z, Cao J N, Yu P S. Deep learning for spatio-temporal data mining: A survey[J]. IEEE Transactions on Knowledge and Data Engineering, 2022, 34(8): 3681-3700.

[140] Quintanilla E, Rawat Y, Sakryukin A, et al. Adversarial learning for personalized tag recommendation[J]. IEEE Transactions on Multimedia, 2020, 23: 1083-1094.

[141] Young T, Hazarika D, Poria S, et al. Recent trends in deep learning based natural language processing[J]. IEEE Computational Intelligence Magazine, 2018, 13(3): 55-75.

[142] Kannan A, Kurach K, Ravi S, et al. Smart reply: Automated response suggestion for email[C]//Proceedings of the 22nd ACM SIGKDD International Conference on Knowledge Discovery and Data Mining. San Francisco, CA, USA. ACM, 2016: 955-964.

[143] Alipanahi B, Delong A, Weirauch M T, et al. Predicting the sequence specificities of DNA- and RNA-binding proteins by deep learning[J]. Nature Biotechnology, 2015, 33(8): 831-838.

[144] Ganta S R, Kasiviswanathan S P, Smith A. Composition attacks and auxiliary information in data privacy[C]//Proceedings of the 14th ACM SIGKDD International Conference on Knowledge Discovery and Data Mining. Las Vegas, NV, USA. ACM, 2008: 265-273.

[145] Abadi M, Chu A, Goodfellow I, et al. Deep learning with differential privacy[C]//Proceedings of the 2016 ACM SIGSAC Conference on Computer and Communications Security. Vienna, Austria. ACM, 2016: 308-318.

[146] Xie L Y, Lin K X, Wang S, et al. Differentially private generative adversarial network[EB/OL]. (2018-02-19)[2025-03-02]. https://arxiv.org/abs/1802.06739v1.

[147] Xia J J, Fan L S, Yang N, et al. Opportunistic access point selection for mobile edge computing networks[J]. IEEE Transactions on Wireless Communications, 2021, 20(1): 695-709.

[148] Khan M, Wu X T, Xu X L, et al. Big data challenges and opportunities in the hype of Industry 4.0[C]//2017 IEEE International Conference on Communications (ICC). Paris, France. IEEE, 2017: 1-6.

[149] Gao W C, Yu W, Liang F, et al. Privacy-preserving auction for big data trading using

homomorphic encryption[J]. IEEE Transactions on Network Science and Engineering, 2020, 7(2): 776-791.

[150] Fan L S, Zhao N, Lei X F, et al. Outage probability and optimal cache placement for multiple amplify-and-forward relay networks[J]. IEEE Transactions on Vehicular Technology, 2018, 67 (12): 12373-12378.

[151] Xia J J, Fan L S, Xu W, et al. Secure cache-aided multi-relay networks in the presence of multiple eavesdroppers[J]. IEEE Transactions on Communications, 2019, 67(11): 7672-7685.

[152] Campanelli M, Gennaro R, Goldfeder S, et al. Zero-knowledge contingent payments revisited: Attacks and payments for services[C]//Proceedings of the 2017 ACM SIGSAC Conference on Computer and Communications Security. Dallas, TX, USA. ACM, 2017: 229-243.

[153] Zhou J Y, Tang F Y, Zhu H, et al. Distributed data vending on blockchain[C]//2018 IEEE International Conference on Internet of Things (iThings) and IEEE Green Computing and Communications (GreenCom) and IEEE Cyber, Physical and Social Computing (CPSCom) and IEEE Smart Data (SmartData). Halifax, NS, Canada. IEEE, 2018: 1100-1107.

[154] Zhao Y Q, Yu Y, Li Y N, et al. Machine learning based privacy-preserving fair data trading in big data market[J]. Information Sciences, 2019, 478: 449-460.

[155] Niu C Y, Zheng Z Z, Wu F, et al. Achieving data truthfulness and privacy preservation in data markets[J]. IEEE Transactions on Knowledge and Data Engineering, 2019, 31(1): 105-119.

[156] Fleischer L K, Lyu Y H. Approximately optimal auctions for selling privacy when costs are correlated with data[J]. Proceedings of the ACM Conference on Electronic Commerce, 2012: 568-585.

[157] Ghosh A, Roth A. Selling privacy at auction[J]. Games and Economic Behavior, 2015, 91: 334-346.

[158] Arora S, Hazan E and Kale S. The multiplicative weights update method: A metaalgorithm and applications[J]. Theory of Computing, 2012, 8(1):121-164.

[159] Naldi M, D'Acquisto G. Differential privacy: An estimation theory-based method for choosing epsilon [EB/OL]. [2025 - 03 - 10]. https://arxiv-org- s. vpn. seu. edu. cn: 8118 /abs / 1510. 00917.

[160] Hsu J, Gaboardi M, Haeberlen A, et al. Differential privacy: An economic method for choosing Epsilon[C]//2014 IEEE 27th Computer Security Foundations Symposium. Vienna, Austria. IEEE, 2014: 398-410.

[161] Tsou Y T, Chen H L, Chen J Y. RoD: Evaluating the risk of data disclosure using noise estimation for differential privacy[J]. IEEE Transactions on Big Data, 2019, 7(1): 214-226.

[162] Geng Q, Ding W, Guo R Q et al. Privacy and utility tradeoff in approximate differential privacy [EB/OL]. [2025-03-10]. https://arxiv-org-s. vpn. seu. edu. cn: 8118/abs/1810. 00877.

[163] Perera C, Ranjan R, Wang L Z. End-to-end privacy for open big data markets[J]. IEEE Cloud Computing, 2015, 2(4): 44-53.

［164］Huh J H，Seo K. Blockchain-based mobile fingerprint verification and automatic log-in platform for future computing［J］. The Journal of Supercomputing，2019，75(6)：3123-3139.

［165］Boneh D，Zhandry M. Multiparty key exchange，efficient traitor tracing，and more from indistinguishability obfuscation［J］. Algorithmica，2017，79(4)：1233-1285.

［166］Niu C Y，Zheng Z Z，Wu F，et al. Trading data in good faith：Integrating truthfulness and privacy preservation in data markets［C］//Proceedings of the 2017 IEEE 33rd International Conference on Data Engineering (ICDE). San Diego，CA，USA. IEEE，2017：223-226.

［167］Chen S X，Zhou S G. Recursive mechanism：Towards node differential privacy and unrestricted joins［C］//Proceedings of the 2013 ACM SIGMOD International Conference on Management of Data. New York，NY，USA. ACM，2013：653-664.

［168］Chatzikokolakis K，Palamidessi C，Stronati M. Location privacy via geo-indistinguishability［J］. ACM SIGLOG News，2015，2(3)：46-69.

［169］Friedman A，Berkovsky S，Ali Kaafar M. A differential privacy framework for matrix factorization recommender systems［J］. User Modeling and User-Adapted Interaction，2016，26 (5)：425-458.

附录 A

形式化语言证明

本附录利用 Z 语言实现第 3 章中相关算法的形式化证明和计算过程。

A.1 TND 隐私性证明

使用 Z 语言证明 TND 隐私性的完成过程。

首先,给出一些基本定义的形式化表示。

1. 确定类型

$[SEED, ORIGINALDATA] \mid \varepsilon, \delta : \mathbb{R}$

2. 描述相关的公理

基数 $Base$:

$Base : \mathbb{P}\mathbb{N}$

$Base ::= 2 \mid 8 \mid 10 \mid 16$

ε_i:

$\varepsilon_i : (\varepsilon \times Base) \nrightarrow \varepsilon$

$\forall i : \mathbb{N}_1 \mid i \in \{1 \cdots Base\} \cdot \varepsilon_i(\varepsilon, i) = (\varepsilon \ div \ Base) * i$

δ_i:

$\delta_i : (\delta \times Base) \nrightarrow \delta$

$\forall i : \mathbb{N}_1 \mid i \in \{1 \cdots Base\} \cdot \delta_i(\delta, i) = (\delta \ div \ Base) * i$

3. 一般定义描述

(1) 随机机制

$[DATA, Re]$

$ranme : ORIGINALDATA \rightarrow Re$

$\forall x : Data; \forall y : Re$

$ranme(x) = y$

（2）相邻数据集

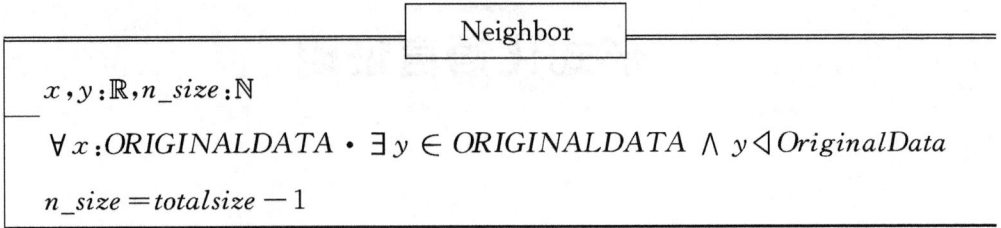

$$
\boxed{\text{Neighbor}}
$$

$x, y : \mathbb{R}, n\_size : \mathbb{N}$

$\forall x : ORIGINALDATA \cdot \exists y \in ORIGINALDATA \wedge y \triangleleft OriginalData$

$n\_size = totalsize - 1$

（3）差分隐私

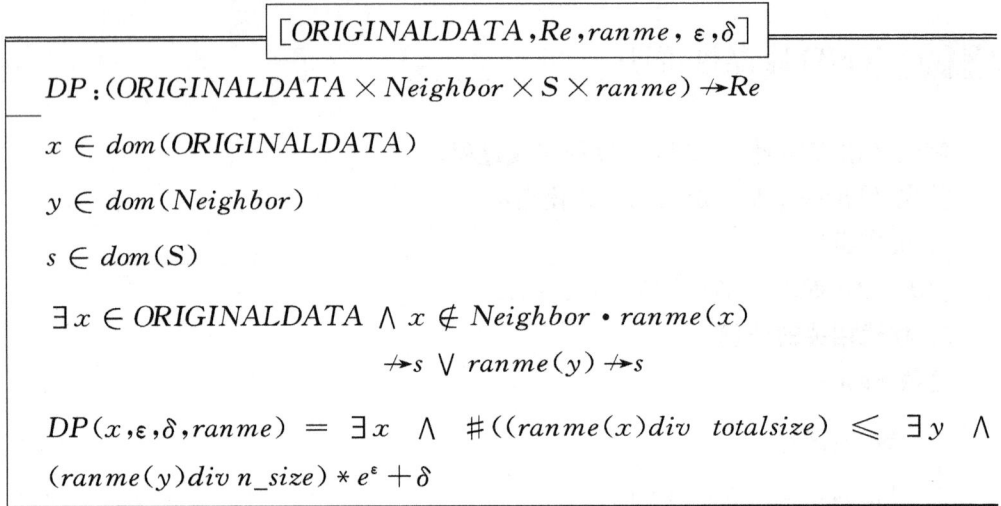

$$
[ORIGINALDATA, Re, ranme, \varepsilon, \delta]
$$

$DP : (ORIGINALDATA \times Neighbor \times S \times ranme) \nrightarrow Re$

$x \in dom(ORIGINALDATA)$

$y \in dom(Neighbor)$

$s \in dom(S)$

$\exists x \in ORIGINALDATA \wedge x \notin Neighbor \cdot ranme(x)$
$$\nrightarrow s \vee ranme(y) \nrightarrow s$$

$DP(x, \varepsilon, \delta, ranme) = \exists x \wedge \#((ranme(x) \, div \, totalsize) \leqslant \exists y \wedge$
$(ranme(y) \, div \, n\_size) * e^{\varepsilon} + \delta$

（4）平行定理

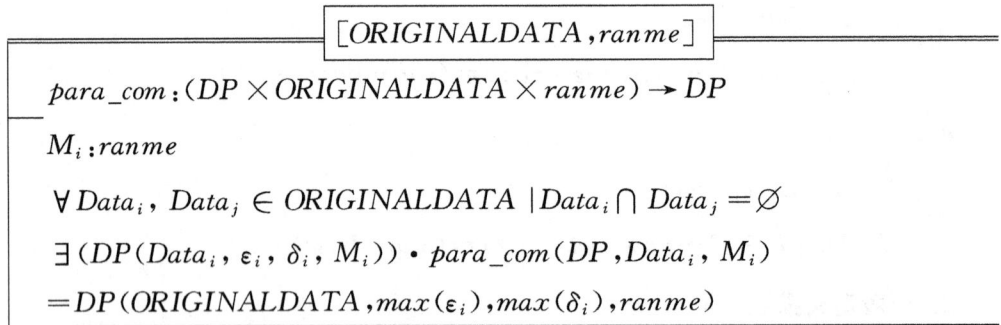

$$
[ORIGINALDATA, ranme]
$$

$para\_com : (DP \times ORIGINALDATA \times ranme) \rightarrow DP$

$M_i : ranme$

$\forall Data_i, Data_j \in ORIGINALDATA \,|\, Data_i \bigcap Data_j = \varnothing$

$\exists (DP(Data_i, \varepsilon_i, \delta_i, M_i)) \cdot para\_com(DP, Data_i, M_i)$

$= DP(ORIGINALDATA, max(\varepsilon_i), max(\delta_i), ranme)$

其次，给出已知条件的形式化表示。

$transform\_seed : SEED \leftrightarrow Location$

$transform\_originaldata : ORIGINALDATA \nrightarrow OriginalData'$

$tag\_location : (Location\,OriginalData') \nrightarrow TagBlock$

$genNoise : (ORIGINALDATA \times \varepsilon \times \delta \times Gauss) \nrightarrow Noise$
$$\Leftrightarrow DP(ORIGINALDATA, \varepsilon, \delta, Gauss)$$

$add\_toBlock : (TagBlock \times Noise) \nrightarrow NoisedBlock$

$getNoiseddata : (NoisedBlock \times ORIGINALDATA) \nrightarrow NoisedData$

求证：

$NoisedData \wedge para\_com \vdash DP(NoisedData, \varepsilon, \delta, Gauss)$

证明：

$NoisedData \wedge para\_com$

$\Rightarrow (NoisedBlock \times ORIGINALDATA) \wedge para\_com$

$\Rightarrow ((TagBlock \times Noise) \times ORIGINALDATA) \wedge para\_com$

$\Leftrightarrow ((TagBlock \times DP(ORIGINALDATA, \varepsilon, \delta, Gauss))$
$\qquad\qquad \times ORIGINALDATA) \wedge para\_com$

$\Rightarrow (((Location \times OriginalData')$
$\qquad\qquad \times DP(ORIGINALDATA, \varepsilon, \delta, Gauss))$
$\qquad\qquad \times ORIGINALDATA) \wedge para\_com$

$\Rightarrow (DP(NoisedBlock, \varepsilon, \delta, Gauss) \times ORIGINALDATA) \wedge para\_com$

$\Rightarrow (DP(NoisedBlock, \varepsilon, \delta, Gauss) \wedge para\_com) \times (ORIGINALDATA$
$\qquad\qquad \wedge para\_com)$

$\Rightarrow DP(NoisedBlock, max(\varepsilon_i), max(\delta_i), Gauss)$
$\qquad\qquad \times DP(ORIGINALDATA, \varepsilon, \delta, Gauss)$

且

$NoisedBlock \subseteq NoisedData$

$getNoiseddata : (NoisedBlock \times ORIGINALDATA) \nrightarrow NoisedData$

所以

$DP(NoisedBlock, max(\varepsilon_i), max(\delta_i), Gauss)$
$\qquad\qquad \times DP(ORIGINALDATA, \varepsilon, \delta, Gauss)$

$\Rightarrow DP(NoisedData, max(\varepsilon_i), max(\delta_i), Gauss)$
$\qquad\qquad \times DP(ORIGINALDATA, \varepsilon, \delta, Gauss)$

$\Rightarrow DP(NoisedData, max(\varepsilon_i), max(\delta_i), Gauss)$

A.2　TND 可用性计算

首先，给出平均绝对误差（MAE）的形式化表示。

$$MAE = \frac{1}{m} \sum_{i=1}^{m} |y_i - f(x_i)|$$

设置

$func: X \times I \rightarrow FY \times I$

$Cha: Y \times I \rightarrow FY \times I$

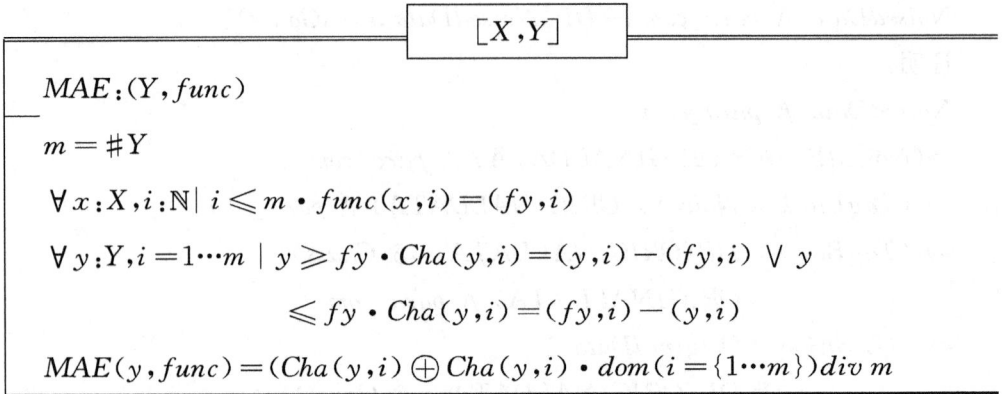

$$[X, Y]$$

$MAE: (Y, func)$

$m = \#Y$

$\forall x:X, i:\mathbb{N} \mid i \leqslant m \cdot func(x,i) = (fy,i)$

$\forall y:Y, i=1\cdots m \mid y \geqslant fy \cdot Cha(y,i) = (y,i) - (fy,i) \vee y$

$\leqslant fy \cdot Cha(y,i) = (fy,i) - (y,i)$

$MAE(y, func) = (Cha(y,i) \bigoplus Cha(y,i) \cdot dom(i = \{1\cdots m\})div\ m$

随后,给出计算加噪数据集可用性的已知条件的形式化表示。

$Y: ORIGINALDATA$

$FY: NoisedDATA$

$m = \#ORIGINALDATA$

$X = 1\cdots m$

$func: X \times I \rightarrow FY \times I$

$\Leftrightarrow genNoise \circ add\_toBlock$

$\Leftrightarrow (ORIGINALDATA \times \varepsilon \times \delta \times Gauss) \nrightarrow Noise \circ (TagBlock \times Noise)$
        $\nrightarrow NoisedBlock$

$\Rightarrow (ORIGINALDATA \times \varepsilon \times \delta \times Gauss \times TagBlock) \nrightarrow NoisedBlock$

$\Rightarrow id(OriginalBlock \times \varepsilon \times \delta \times Gauss) \nrightarrow NoisedBlock$

$MAE(Y, func) \Rightarrow MAE(ORIGINALDATA, NoisedData)$

$\Leftrightarrow MAE(ORIGINALDATA, NoisedBlock)$

$\nrightarrow MAE(OringialBlock, (OriginalBlock \times \varepsilon \times \delta \times Gauss)$

$\nrightarrow MAE(OringialBlock, DP(OringialBlock, \varepsilon, \delta, Gauss))$

附录 B

Python 实现可追踪的隐私增强型分类器

本附录列出第 4 章中构建的可追踪的隐私增强型机器学习分类器 Python 实现的代码。

分类器方案包含两种：一种是基于逻辑回归的普通分类器；另一种是在普通分类器上引入高斯机制实现噪声添加。在代码实现过程中，两种分类器均需要实现。

方案专注于监督学习问题，并给定一组有标签的训练实例 $\{(x_1, y_1)\cdots(x_n, y_n)\}$，其中 x_i 为特征向量，y_i 为标签。分类器的目标是训练模型 θ，使其可以预测一个新的特征向量的标签。这里的分类器只解决二分类问题，即分类结果只有 0 和 1 两种。

B.1 普通分类器实现

为了方便实现，首先定义常用的函数，如下所示：

```python
1   import matplotlib.pyplot as plt
2   plt.style.use('seaborn-whitegrid')
3   import pandas as pd
4   import numpy as np
5   from collections import defaultdict
6   #一些有用的工具函数
7   import matplotlib.pyplot as plt
8   def lap_mech(v, sensitivity, epsilon):
9       return v + np.random.laplace(loc=0, scale=sensitivity / epsilon)
10  def gauss_mech(v, sensitivity, epsilon, delta):
11      return v + np.random.normal(loc=0, scale=sensitivity * np.sqrt
        (2 * np.log(1.25/delta)) / epsilon)
```

```
12   def gauss_mech_vec(v, sensitivity, epsilon, delta):
13       return v + np.random.normal(loc=0, scale=sensitivity * np.sqrt
         (2 * np.log(1.25/delta)) / epsilon, size=len(v))
```

我们使用 Adult 数据集来实现分类器。引入数据集后,将数据按照 4∶1 的比例划分成测试集和训练集。建立二元分类器的一种简单方法是使用逻辑回归。Python 中的 scikit-learn 库有一个用于执行逻辑回归的内置模块,称为 LogisticRegression,使用它可以很容易地使用数据构建模型。

```
1    #引入并获得数据集
2    X = np.load('adult_x.npy')
3    y = np.load('adult_y.npy')
4    #划分数据集为训练集和测试集
5    training_size = int(X.shape[0] * 0.8)
6    X_train = X[:training_size]
7    X_test = X[training_size:]
8    y_train = y[:training_size]
9    y_test = y[training_size:]
10   #调用 LogisticRegression 模块训练
11   from sklearn.linear_model import LogisticRegression
12   model = LogisticRegression().fit(X_train, y_train)
13   warnings.filterwarnings("ignore")
```

对于一个具有 k 维特征向量 $x_1, x_2, \cdots, x_k$ 的未标记示例,线性模型通过计算数量来预测标签:

$$\omega_1 x_1 + \omega_2 x_2 + \cdots + \omega_k x_k + bias$$

模型可以用一个包含值 $\omega_1, \omega_2, \cdots, \omega_k$ 和 $bias$ 的向量来表示。值 $\omega_1, \omega_2, \cdots, \omega_k$ 通常被称为模型的权重或系数,$bias$ 通常被称为偏差项或截距。

那么,模型有多少个测试例子是正确的? 可以将预测的标签与数据集中的实际标签进行比较。如果将正确预测标签的数量除以测试示例的总数,就可以测量正确分类的示例的百分比。

```
1    # 预测函数
2    def predicter(xi, Theta, bias=0):
3        label = np.sign(xi @ Theta + bias)
4        return label
5    # 测试预测函数结果
6    np.sum(predicter(X_test, model.coef_[0], model.intercept_[0]) == y_test)/X_test.shape[0]
```

损失函数用于衡量模型的优劣,而训练的目标是将损失降到最低。所以损失函数如下:

```
1    def loss(Theta, xi, yi):
2        exponent = - yi * (xi.dot(Theta))
3        return np.log(1 + np.exp(exponent))
```

梯度下降是一种根据损失的梯度来更新模型,使损失减小的方法。对于一个具有多维输入的函数(如上面的损失函数),梯度显示函数的输出相对于输入的每个维度的变化速度。如果梯度在某一特定维度为正,则意味着如果增加模型在该维度的权重,函数的值就会增加;如果想要减少损失,则应该通过否定梯度来修改我们的模型,即做与梯度相反的事情。我们在梯度相反的方向移动模型,被称为梯度下降。当迭代执行这个下降过程的许多步骤时,会慢慢地越来越接近最小化损失的模型。这种算法被称为梯度下降。

```
1    # 这是逻辑损失的梯度
2    # 梯度是一个矢量,表示在每个方向上损失的变化率
3    def gradient_once(Theta, xi, yi):
4        exponent = yi * (xi.dot(Theta))
5        return - (yi * xi) / (1 + np.exp(exponent))
```

为了多次测量模型的精度,可定义一个用于测量精度的辅助函数。

```
1    def accuracy(Theta):
2        return np.sum(predicter(X_test, Theta) == y_test)/X_test.shape[0]
```

只进行一次梯度计算是不行的,算法需要多次迭代。需要做两个修改来得到一个完整的梯度下降算法。第一,上面的单一步骤只使用了训练数据中的一个单一示例。我们希望在更新模型时考虑整个训练集,以便对所有的例子改进模型。第二,需要执行多次迭代,以尽可能地减少损失。可以通过计算所有训练例子的平均梯度来解决第一个问题,并用它来代替之前使用的单例梯度来进行下降步。avg_grad 函数计算整个数组训练示例和相应标签上的平均梯度。

```
1   def grad_avg(Theta, X, y):
2       grads = [gradient_once(Theta, xi, yi) for xi, yi in zip(X, y)]
3       return np.mean(grads, axis=0)
```

为了解决第二个问题,定义一个梯度下降多次的迭代算法,$iterations$ 代表迭代次数。

```
1    # 梯度下降算法
2    def gradient_descent_alg(iterations):
3        Theta = np.zeros(X_train.shape[1])
4        for i in range(iterations):
5            Theta = Theta - grad_avg(Theta, X_train, y_train)
6        return Theta
7    # 执行算法
8    def zhixingML(iterations):
9        Theta = gradient_descent_alg(iterations)
10       return accuracy(Theta)
```

B.2 基于差分隐私的分类器实现

第二类分类器的实现是在普通的分类器的基础上引入高斯机制。相同的部分将不再赘述。

这里面比较关键的问题是求梯度函数的灵敏度。对此有两种基本的方法:一是分析梯度函数本身来确定其最坏情况下的全局灵敏度,二是通过剪切梯度函数的输出来加强灵敏度。从第二种方法开始,通常将其称为梯度剪切。

```
1  def clip2(v, b):
2      norm = np.linalg.norm(v, ord=2)
3      if norm > b:
4          return b * (v / norm)
5      else:
6          return v
```

然后,可以计算剪切梯度的总和,并添加基于 L2 灵敏度 b 的噪声。

```
1  def gradient_sum_alg(Theta, X, y, b):
2      gradients = [clip2(gradient_once(Theta, x_i, y_i), b) for x_i, y_i
       in zip(X, y)]
3      return np.sum(gradients, axis=0)
```

最后,得到基于差分隐私的梯度下降算法。

```
1   def noisy_gradient_descent_alg(iterations, epsilon, delta):
2       Theta = np.zeros(X_train.shape[1])
3       sensitivity = 5.0
4       noisy_count = lap_mech(X_train.shape[0], 1, epsilon)
5       for i in range(iterations):
6           grad_sum = gradient_sum_alg(Theta, X_train, y_train,
            sensitivity)
7           noisy_grad_sum = gauss_mech_vec(grad_sum, sensitivity,
            epsilon, delta)
8           noisy_grad_avg = noisy_grad_sum / noisy_count
9           Theta = Theta - noisy_grad_avg
10      return Theta
11  #执行该算法
12  def zhixingMLDP(iterations, epsilon, delta):
13      Theta = noisy_gradient_descent_alg(iterations, epsilon, delta)
14      return accuracy(Theta)
```

B.3 标识编码信息生成

方案采用精确到秒的时间作为标识信息，标识信息会被编码成八进制的二维矩阵作为标识坐标。

```
1   import time
2   import numpy as np
3   # 得到当前时间函数
4   def get_now_time():
5       now = time.localtime()
6       now_time = time.strftime("%Y%m%d%H%M%S", now)
7       return int(now_time)
8   # 得到八进制字符串结果
9   def getOct():
10      now_time = get_now_time()
11      m = oct(now_time)
12      return m[2:]
13  # 得到偶数位的八进制结果
14  def computelength():
15      length = len(str(getOct()))
16      if length % 2 == 0:
17          return getOct()
18      else:
19          s = '0' + str(getOct())
20          return s
21  # 将八进制字符串结果转换为 2 列矩阵类型
22  def get2rowarrayofSeed():
23      s = computelength()
```

```
24        oddlist = list(s)
25        intoddlist = list(map(int, oddlist))
26        oddarr = np.array(intoddlist)
27        oddarr2D = oddarr.reshape(-1, 2)
28        return oddarr2D
29    # 得到矩阵行数
30    def getRowNum():
31        z = get2rowarrayofSeed()
32        return z.shape[0]
```

B.4 混合分类器训练

接下来,在不同的位置采用不同的分类器训练数据,其中由时间编码而成的位置坐标所对应的数据集基于差分隐私的分类器训练,其他数据由普通分类器训练。最终会得到 64 个训练结果和精确度值。在此基础上,可进一步求取平均值作为最终结果。

```
1     # 普通分类器执行函数
2     from ML import zhixingML
3     # 普通分类器梯度下降算法
4     from ML import gradient_descent_alg
5     # 基于差分隐私分类器执行函数
6     from MLDP import zhixingMLDP
7     # 基于差分隐私分类器梯度下降函数
8     from MLDP import noisy_gradient_descent_alg
9     # 标识信息的 2 列矩阵形式函数
10    from getSeed import get2rowarrayofSeed
11    # 标识信息的矩阵列数函数
12    from getSeed import getRowNum
```

```python
13   import time
14   import numpy as np
15   # 得到8×8精确值矩阵
16   def setArrayValue():
17       accarr = np.zeros((8,8))
18       arr = get2rowarrayofSeed()
19       acc1 = zhixingML(100)
20       acc1 = round(acc1,3)
21       acc2 = zhixingMLDP(100, 0.01, 1e-5)
22       acc2 = round(acc2,3)
23       acc21 = acc2-0.004
24       for i in range(0,8):
25           row_target = arr[i,0]
26           col_target = arr[i,1]
27           accarr[row_target,col_target] = acc21
28           acc21 = acc21+0.001
29       for j in range(0,8):
30           for k in range(0,8):
31               if accarr[j,k] == 0:
32                   accarr[j,k] = acc1
33       return accarr
34   # 得到精确值平均值
35   def getAvgacc():
36       accarr = setArrayValue()
37       accArr1 = accArr.reshape(1,-1)
38       accAverage = sum(accArr[0])/len(accArr[0])
39       return accAverage
```

B.5　提取标识信息实现

```
1    from combTest import setArrayValue
2    import numpy as np
3    from heapq import *
4    from queue import PriorityQueue
5    import math
6    import time
7    #待检测精确度矩阵
8    arr = setArrayValue()
9    #创建 Node 类
10   class Node：
11       def __init__(self,x,y,z)：
12           self.x = x
13           self.y = y
14           self.z = z
15       def __lt__(self,other)：
16           return self.z > other.z
17   #得到标识性坐标矩阵
18   def getTargetArr(arr)：
19           locationarr = np.zeros((8,2))
20       y = []
21       for i in range(0,8)：
22           for j in range(0,8)：
23               curValue = arr[i,j]
24               if len(y) == 0 or curValue != y[0].z：
25                   heappush(y,Node(i,j,curValue))
26       heappop(y)
```

```
27        for k in range(0,8):
28            tmp = heappop(y)
29            locationarr[7-k] =[tmp.x,tmp.y]
30        return locationarr
31   #标识性矩阵转换成字符串形式
32   def getStrLocationValue(arr):
33        locationarr=getTargetArr(arr)
34        arr1=locationarr.reshape(1,-1)
35        strLocation=''
36        for i in range(0,16):
37            a=math.floor(arr1[0,i])
38            strLocation=strLocation+str(a)
39        return strLocation
```

B.6 图形对比

```
1    from ML import gradient_descent_alg
2    from ML import accuracy
3    from MLDP import noisy_gradient_descent_alg
4    import matplotlib.pyplot as plt
5    #初始化信息
6    iterationss = [5, 10, 15, 20, 25, 30, 35, 40, 45, 50, 55, 60, 65, 70, 75,
     80, 85, 90, 95, 100]
7    thetas1    = [gradient_descent_alg(iterations) for iterations in iterationss]
8    thetas2    = [noisy_gradient_descent_alg(iterations, 0.01, 1e-5) for
     iterations in iterationss]
9    accs1      = [accuracy(theta) for theta in thetas1]
10   accs2      = [accuracy(theta) for theta in thetas2]
```

```
11  #画图：一般分类器和基于差分隐私的分类器精确度对比图

12  plt.figure(figsize=(24,8),dpi=300)

13  x_ticks=range(100)

14  plt.xticks(x_ticks[::5])

15  plt.xlabel('Iterations',fontsize=20)

16  plt.ylabel('Accuracy',fontsize=20)

17  plt.xticks(fontsize=20)

18  plt.yticks(fontsize=20)

19  plt.plot(iterationss,accs1,label="General  classifier")

20  plt.plot(iterationss,accs2,label="Classifier based on DP",color='r',
    linestyle='--')

21  plt.grid(True,linestyle="--",alpha=0.3)

22  plt.rcParams.update({'font.size':20})

23  plt.legend(loc="best")

24  plt.savefig("MLandMLDPCompare.pdf")

25  plt.savefig("MLandMLDPCompare.png")

26  plt.show()

27  #初始化数据

28  delta = 1e-5

29  epsilons = [0.001, 0.003, 0.005, 0.008, 0.01, 0.03, 0.05, 0.08, 0.1]

30  thetas100  = [noisy_gradient_descent_alg(100, epsilon, delta) for epsilon
    in epsilons]

31  thetas50   = [noisy_gradient_descent_alg(50, epsilon, delta) for epsilon
    in epsilons]

32  thetas25   = [noisy_gradient_descent_alg(25, epsilon, delta) for epsilon
    in epsilons]

33  thetas10   = [noisy_gradient_descent_alg(10, epsilon, delta) for epsilon
    in epsilons]
```

```
34    accs100      = [accuracy(theta) for theta in thetas100]

35    accs50       = [accuracy(theta) for theta in thetas50]

36    accs25       = [accuracy(theta) for theta in thetas25]

37    accs10       = [accuracy(theta) for theta in thetas10]

38    #画图2：基于差分隐私的分类器隐私参数、迭代次数和精确度之间的关系图

39    plt.figure(figsize=(24,8),dpi=300)

40    plt.xlabel('Epsilon',fontsize=20)

41    plt.ylabel('Accuracy',fontsize=20)

42    plt.xticks(fontsize=20)

43    plt.yticks(fontsize=20)

44    plt.plot(epsilons,accs10,label="Iteration 10 times",color='b',linestyle
      ='-')

45    plt.plot(epsilons,accs25,label="Iteration 25 times",color='r',linestyle
      ='--')

46    plt.plot(epsilons,accs50,label="Iteration 50 times",color='g',linestyle
      ='-.')

47    plt.plot(epsilons,accs100,label="Iteration 100 times",color='m',
      linestyle=':')

48    plt.grid(True,linestyle="--",alpha=0.3)

49    plt.rcParams.update({'font.size':20})

50    plt.legend(loc="best")

51    plt.savefig("MLDPepsilonandacc.pdf")

52    plt.savefig("MLDPepsilonandacc.png")

53    plt.show()
```